全民阅读·经典小丛书

在逆境中成功的14种思路

ZAI NIJING ZHONG CHENGGONG DE
14 ZHONG SILU

冯慧娟 编

吉林出版集团股份有限公司

图书在版编目（CIP）数据

在逆境中成功的 14 种思路 / 冯慧娟编 . —长春：
吉林出版集团股份有限公司，2016.1
（全民阅读.经典小丛书）
ISBN 978-7-5581-0139-7

Ⅰ.①在… Ⅱ.①冯… Ⅲ.①成功心理－通俗读物
Ⅳ.① B848.4-49

中国版本图书馆 CIP 数据核字 (2016) 第 031282 号

ZAI NIJING ZHONG CHENGGONG DE 14 ZHONG SILU

在逆境中成功的 14 种思路

作　　者：冯慧娟 编
出版策划：孙　昶
选题策划：冯子龙
责任编辑：孙骏骅
排　　版：新华智品
出　　版：吉林出版集团股份有限公司
　　　　　（长春市福祉大路 5788 号，邮政编码：130118）
发　　行：吉林出版集团译文图书经营有限公司
　　　　　（http://shop34896900.taobao.com）
电　　话：总编办 0431-81629909　　营销部 0431-81629880 / 81629881
印　　刷：北京一鑫印务有限责任公司
开　　本：640mm×940mm 1/16
印　　张：10
字　　数：130 千字
版　　次：2016 年 7 月第 1 版
印　　次：2019 年 6 月第 2 次印刷
书　　号：ISBN 978-7-5581-0139-7
定　　价：32.00 元

印装错误请与承印厂联系　电话：18611383393

输在起点，赢在终点！

——锤炼你的逆境商

在日本大阪世界田径锦标赛男子110米栏决赛中，"飞人"刘翔以12秒95夺冠。这是他夺得的第一枚世锦赛金牌，也是中国代表团田径世锦赛历史上的第一枚男子金牌。比赛记录表明：刘翔的起跑反应时间是0.161秒，列8名选手中的第五位。可以说，刘翔是"输在起点，赢在终点"的世界冠军。

现实生活中，"输在起点"的情况要比体育比赛复杂得多。有的人输在家庭贫困上，有的人输在身体残疾上，有的人输在"少壮不努力"上。尽管原因各有不同，但都可以算是"输在起点"。可是，一生之中，没有人会不遭遇逆境，不碰到挫折，只不过有的人赢了，有的人则永远输了。结果如此不同，核心在于他们在面对相同的挫折、逆境时，心境大不相同。有一种人会想：我要好好利用可能是上天赐给我、考验我的逆境，努力、努力、再努力，我就能看到不远处"赢"的灯光。有一种人则会想：天哪！怎么办呢？我的人生怎么这么不顺利？为什么倒霉的事情会降临到我的头上？我不想活了！

　　每个人都是这个世界上独一无二的存在，让我们独一无二的人生过得更精彩一点吧！不要担心你的出身不好，不要担心你的学历不高，不要担心你总是遭遇失败和挫折，努力在逆境中站起来，打垮它。世界上虽然没有完美的人生，但有多彩的人生。

　　直面人生的不幸，享受奋斗的过程，你就是最棒的，你将会赢得一个美丽、动听的称呼——胜利者，而你也就会成为众人眼中的幸运者。

目录
CONTENTS

在逆境中成功的14种思路

目录
CONTENTS

在逆境中成功的14种思路

目录
CONTENTS

在逆境中成功的14种思路

不是只有你不幸

在生活中，有太多的人都在抱怨自己不幸，而且认为自己是世界上最不幸的人。可是，朋友，你知道吗？据统计，全世界每年死亡人数为五六千万。所以，如果你早上醒来发现自己还能自由呼吸，你难道不比离开人世的人幸运吗？

如果你从来没有经历过战争，没有经历过硝烟、囚禁、虐待带来的死亡威胁，那么你比正在经受战争折磨的人幸运。

如果你不用忍饥挨饿，也不会衣衫单薄，还能有一处遮风挡雨的栖身之所，那么你已经比正在经受贫穷折磨的人幸运。

别说你不幸，因为世上有无数比你还要不幸的人，也有无数能把不幸变成幸运的人。

不是只有你贫穷

你是否觉得年少时的贫穷带给你无穷的阴影？你是否因此有了贫穷恐惧症，继而找不到奋斗的方向？可是，你是否知道，世界上生活在贫困线以下的人多达数亿。其实，谁都不是天生的幸运儿。贫穷也许是生活故意跟你开的一个小玩笑，让你早一点品尝人生的苦涩滋味，然后从贫穷中崛起，享受生活的甘甜。

李嘉诚：从身无分文到华人首富

李嘉诚堪称"华人首富"，受世人仰慕。但谁人知道他年少时曾经遭遇过的贫穷？贫穷曾是他身上最重的一座大山。

1928年7月29日，李嘉诚在广东潮州市出生了。1939年，李嘉诚一家来到香港，寄居在他的舅父庄静庵的家里，过着拮据的生活。他的父亲李云因劳累过度不幸染上肺病，随后离开人世。那时，李嘉诚还不到15岁，家里有母亲和三个弟妹需要他养活。生存的压力让他放弃学业，走向了社会。他刚开始在一间茶楼做跑堂，每天工作15个小时以上。不管如何劳累，他都要利用短暂的空闲时间学习英语。

一年后，李嘉诚进入他舅舅所开的中南公司，从学徒开始做起，扫地、烧水、倒水、跑腿等杂事样样都做。17岁那年，他开始做推销员，干得非常出色。可是，他不想再为别人打工，他想拥有自己的事业。李嘉诚对自己的人生做了一个规划，最根本的一条就是"一定要跟贫穷说再见"。在这种信念的鼓舞下，他在1950年的夏天，利用自己打工赚来

的钱创办了长江塑胶厂。从此，李嘉诚开始了他叱咤风云的创业之路。经过多年的奋斗，他终于成为世界瞩目的超级企业家、华人首富。

李嘉诚曾经说过，他一生中有两个关键时刻：一个是他12岁时，还是个天真、充满幻想的小孩子，跑到香港，见到了另外一个世界。然而父亲的病逝致使家里非常贫穷，他必须辛苦地养家。第二个是他二十七八岁的时候，从那时他才开始远离贫穷，当时他说："贫穷，我永远不会再见你。"

李嘉诚并不是一个天生的幸运儿，他所经历的忧患与磨难，是今天的我们难以想象的。但是，他没有被这些不幸打倒，他用顽强奋斗的精神战胜了贫穷和磨难，走上了成功的道路。

贫穷不是一成不变的

假如此刻的你正生活在贫穷之中，你是在安守贫穷，还是像李嘉诚那样有改变贫穷的坚定决心？你有奋斗的目标和计划吗？生活中，大多数人都被贫穷吓坏了，都在抱怨贫穷而不是"穷则思变"。其实，贫穷并不可怕，它也不是一成不变的。古今中外，凡是功成名就的人大多数都经历过贫穷潦倒的日子，但他们在过着穷日子的时候能保持一种积极向上的精神，并且坚持不懈地努力着，因而他们往往比那些生来就富贵的人更早登上成功的顶峰！

贫穷不是一成不变的，它可以改变。在这个世界上没有永远的穷人，只有不思进取的人，只有没有勇气将理想付诸实践的人，只有无法坚持到底、半途而废的人。穷则思变，我们应当好好地反省一下，自己是否付出了努力。如果付出了，即使不能收获成功的喜悦，我们也能获得失败的经验和教训。这种经验和教训会让我们绝处逢生，最终走上成功的道路，改变自己贫穷的状况。

不是只有你起点低

成功是一个从量变到质变的过程，需要通过奋斗来不断积累。再高的大厦也要从地基开始一层一层地建起，而这每一层又都是由小小的沙子、砖块构成。所以说，追求成功，就要从最底层做起，从一点一滴的小事做起，只有这样才能让自己前进的脚步更加扎实。"起点低"不该是借口，而应是你"目标高"的动力。

周星驰：从小兵乙到星爷

周星驰出身贫寒，从小住在香港九龙贫民区。父母因性格不合而离婚后，子女的抚养权都归母亲凌宝儿。当时，周星驰只有7岁。他中学快读完时，受电视长剧热潮的影响，产生了做演员的愿望，于是和梁朝伟一起报考无线电视台艺员训练班。可生活往往充满了戏剧性："有心栽花"的周星驰遗憾落榜，"无心插柳"的梁朝伟却顺利入选。但这次打击并没让周星驰放弃梦想，他屡败屡战，终于考入了训练班。但进入演艺圈后，他的事业依旧不如意。当出演配角的梁朝伟已经拥有稳定的戏份时，同是演员的他却只能在镜头前一闪而过，毫无角色可言。就这样，当位列"TVB五虎将"的梁朝伟已经片约不断时，他却还在为《射雕英雄传》里仅有的几个跑龙套的机会而默默奋斗着。

在83版的《射雕英雄传》中，他先是扮演了一名金兵的头头儿，只有一句台词："看你们疯疯癫癫的，非奸即盗。王道乾大人给人杀了，我都没怀疑你们，还在这儿讨价还价？走！"后面两次都是刚一露脸就被"杀掉"了，一句台词都没有。在演一个被梅超风一把抓死的村民时，周星驰还向导演提出："能否挣扎一下呢？"结果导演想都没想就拒绝了他。

后来，周星驰迎来了他演艺生涯的一次小转折：代替身价暴涨而工作繁忙的梁朝伟，出任儿童节目《430穿梭机》的主持人。但是，周星驰并不甘心只做一个儿童节目主持人，他对自己的演艺事业始终抱有梦想，而且一直坚持钻研表演技巧。1988年的一个晚上，他遇到了万能电影公司的大老板李修贤。这位著名电影制作人与他简短交谈后，邀他在自己的新片《霹雳先锋》里扮演一个浪荡江湖的小弟。周星驰不负众望，凭借在此片中出色的表演，获得了第25届台湾金马奖的最佳男配角奖。

之后，周星驰接拍了众多电影，并自己尝试做导演，取得了骄人的成就，他也被人们尊称为"星爷"。凭借自己的努力，周星驰最终完成了从一个跑龙套的到演员到电影艺术大师的三级跳。

即使起点低，也可以飞得很高

急于求成的人从来不屑于做小事，他们只喜欢抬头仰望成功，却从不注意脚下的路。大事不能天天都有，可他们宁愿坐在原地等待，把时间浪费在对美好未来的空想上，也不肯做眼下那些力所能及的工作。但是，建功立业不能只靠被动地等待机会降临，而需要不断积累，不断进步，因为成功的规律是"一分耕耘一分收获"。随着时间的流逝，不肯付出汗水的人仍旧两手空空，把运气不好当作借口，他们不会明白：机会是主动争取的结果。

而心志高远的人会将低微的工作发展成上升的台阶。一位香港著名影星在谈自己的成功之道时，说过这样一句话："即使是跑龙套，也要有主角的心态。"查理·贝尔，负责麦当劳在全球118个国家三万多家餐厅的经营管理，而他最初的工作是为麦当劳打扫厕所。只是他打扫厕所时比其他清洁工做得更为出色，所以他受到重视，并不断被提升。起点低有什么可怕呢？只要你努力，照样可以飞翔。

不是只有你遭遇过不公

世事从来不会尽如人意。我们在生活中，常常会遭遇不公：职场失意、命途多舛……面对这些不公，有的人选择消极、抱怨，甚至是愤怒、厌世，将心灵囚禁在灰暗的角落里，不肯向光明的未来迈出一步；有的人选择振奋、反击，用更加强烈的信心和斗志去战胜不公，突破一切阻碍，取得最终的胜利。

唐骏：走过职场不公

唐骏是中国IT业的传奇人物，素有"打工皇帝"的美誉，但在他成功的背后也曾遭遇过不公正的对待。

唐骏在微软仅工作8个月后，就凭借着过人的头脑开发出了Windows多语言版本的引擎模式，这也让他从普通职员迅速成为一个20人小团队的领导，专门负责向微软总部推广这套引擎模式。唐骏原本以为自己会顺风顺水，却意外地遇到了"拦路虎"：顶头上司戴维·麦克布莱德先生硬是把另一个经理调入了他的团队做总负责人，而这个人恰恰是他曾经的上级，此举大大地牵制了他的工作。这件事对唐骏的打击很大，并让他想起了自己年少时受到的一段相似的不公待遇。

唐骏在小学时一直很优秀，小学毕业时不但是班长，还是全校的大队长。按照常理，他到了初中也应该是班长。还没有正式开学，他就被女班主任老师找去学校谈话，没想到老师宣布新学期他的职务不是班长，而是体育委员。对于老师的这个决定，唐骏一直无法理解。后来，唐骏终于了解到被"暗算"的原因：他的班主任谈了一个男朋友，是学校里的团委书记，与唐骏哥哥的班主任关系不佳。而唐骏的哥哥是班长，深受班主任的喜爱。因为这七拐八拐的关系，所以唐骏的班主任用这种"特殊照顾"的方式对待他。

年少气盛的唐骏受到如此打压，心情一落千丈，甚至对上学失去了兴趣。后来家里盖房子，唐骏开始推着小翻斗车捡砖头，不再跨入学校大门。一天，老师去家里找他，一定要他去学校参加考试，考多少分无所谓，但如果不参加就要被开除。唐骏去了，数理化各考了十几分。

这次还要像上次那样消极怠工，走一段大大的弯路吗？成熟的唐骏选择了与少时截然不同的做法，他没有抱怨，更没有放弃自己，而是调整心态，继续努力，一如既往地勤奋工作。果然，唐骏又得到了晋升的机会，成为微软中国区总裁。后来，微软在中国区的经营战略发生变化，唐骏不幸成了一颗被牺牲的棋子，他的职权再次被架空。面对如此不公，唐骏并没有生活在痛苦之中。既然不能继续追求挑战和激情，他宁愿选择另一片天空。

2004年，他以"微软中国区终身名誉总裁"的身份正式告别"老东家"；同年，他出任盛大公司总裁，并带领盛大在纳斯达克成功上市，开始书写人生的下一段传奇。就这样，振奋精神的唐骏一路披荆斩棘，接连创造辉煌。

面对不公，积极努力

面对不公，首先我们应该平静地接受。生活没有让每件事情都完美的责任，完美是我们自己对生活的挑战。每个人在成长的过程中都会遇到不同的难题，每个人都有感到成了牺牲品或遭到不公正对待的时候。从这个意义上说，每个人都生活在不公中，不仅是你。

既然每个人都生活在不公中，你一定会问：为什么有人坐拥巨额财富享受高品质生活？为什么有人拿着高薪坐着高位？为什么有人总是遇到成功的机会？在你愤愤不平的时候，你是否反省过："我够努力了吗？"面对不公，接受之后并不是要消极起来，从而放弃行动。恰恰相反，接受不公之后，我们要做的是以积极向上的行动改变它。只要你付出超人的努力，让自己把握住稍纵即逝的机会，成功自然会来，公平也会随之到来。

不是只有你经历过灾难

在地球上，每年因为天灾人祸而死于非命的人不计其数。1994年，卢旺达发生大屠杀，死亡人数近百万；2004年12月，印尼苏门答腊岛西部沿海发生地震，并引发海啸，至少12万人死亡；2008年5月，中国四川地区发生大地震，死亡7万余人……这样的例子不胜枚举，与死去的人相比，活着就是一种幸运。

达纳：我不知道自己能否活到2012年

达纳·侯赛因是唯一代表伊拉克参加2008年北京奥运会的女性运动员，她参加比赛的项目是女子100米和200米赛跑。可是就在2008年7月24日这一天，国际奥委会取消了伊拉克参加北京奥运会的资格。达纳知道这个消息后哭了半天，教练安慰她说："4年之后我们还能参加伦敦奥运会。"达纳脱口而出："照伊拉克这个样子，我不知道自己能否活到2012年……"

当时的伊拉克正饱受战争的折磨，人人都处在不安和混乱之中。运动员不仅要像普通伊拉克人一样面对恐怖袭击，而且要承受更多威胁、绑架、暗杀造成的压力。在频繁的自杀性袭击、汽车炸弹袭击和随时爆发的武装动乱之中，他们时常命悬一线。

达纳的训练场离家太远，她和教练每天都要开好几个小时的车前往训练场，途中他们时常要穿越交火区。在训练的过程中，他们也经常能听到枪声和爆炸声，甚至亲身经历过这一切。2007年11月的一天，达纳正在做跑步练习时，突然遭到了枪击，一发子弹从她身边擦过，一发子弹从她脚边飞过！极度害怕的达纳当场晕了过去。没过多久，她醒了过来，教练说射击是冲着他们来的，因此必须马上撤离训练场。但半个小时后他们又回去了，换了个位置继续训练。因为临近比赛，达纳想加紧备战。

那天她和教练训练结束后开车回家，半路上，一阵密集的子弹朝他们射来。为躲避子弹，教练叫她躺下，然后把车开得飞快。达纳躺在车上一直在哭，她不明白：自己是为国争光而参加比赛，为什么不能得到所有人的支持呢？

让这个执着的姑娘高兴的是：经过各方努力，国际奥委会与伊拉克政府达成协议，于7月29日宣布恢复她的参赛资格。2008年8月，达纳来到了北京，可以在魂牵梦绕的奥运赛场上奔跑了。人们知道这个姑娘的经历后，不约而同地将最热情的欢迎和最热烈的掌声送给了她。尽管没能站上领奖台，达纳却依旧坚定地说："只要我还活着，就永远不会放弃训练，不会放弃比赛！"

灾难只会让生命更坚强

灾难如波澜不惊的大海，没有人知道它何时扬起滔天的巨浪，我们能做的，就是接受灾难，并在灾难过后坚强地生活。因为灾难终将过去，生活还要继续。也许你在灾难中失去了亲人，失去了财富，甚至失去了身体的一部分，可是比起葬身灾难中的人，你还有生命，这已经是最大的幸运了。

灾难是上天对人类意志的考验。灾难过后，不要沉浸在悲伤之中无法自拔，而要坚强勇敢地直面现实；不要因打击而一蹶不振，而要把阻力变为动力继续前进。经过灾难的洗礼，坚强的人会更加坚强、更加从容地应对今后可能遇到的问题，凭借不变的毅力走向成功。这种无坚不摧的精神正是灾难给我们最好的礼物。

不是只有你学历低

你是否曾经因为自己的学历低而自卑，甚至羞于见人？你是否认为学历低、受教育少阻碍了你的成功？但是，你可知道，学历只是一个人知识水准和文化素养的证明，和能力并不能成正比。人生成功的因素，除了学历、受教育程度，还有其他更多的因素，比如说信心、行动、奋斗的精神等。

郑渊洁：只上过四年小学的童话大王

郑渊洁，我国著名的童话作家，他出生在河北石家庄一个普通军官家里。1961年，郑渊洁随父母迁入北京，在北京马甸小学就读。他数学成绩不算好，语文成绩还可以。二年级时，老师布置了一篇《我长大了干什么》的作文，同学们基本写的都是远大理想，比如当科学家之类的。郑渊洁想起了妈妈教育自己的话："哪儿人多就别去哪儿，别什么事都跟人家学。"于是，他写了篇《我长大了要当淘粪工》的作文，得到了老师赵俐的赞扬。

郑渊洁上四年级时，"文化大革命"爆发了，他的学业被迫中断。随后，他跟父母一起来到河南五七干校，进入干校的子弟小学。有一天，老师给学生布置作文《早起的鸟有虫子吃》，郑渊洁却写了篇《早起的虫子被鸟吃》。老师对他写的作文并不认同，罚他在课堂上说几百遍"郑渊洁是咱们班最没出息的人"。郑渊洁不服，一气之下在课桌下面点了个炮仗，把老师吓得不轻。接着，他理所当然地被学校开除了，从此郑渊洁没有上过一天学，最高学历停留在小学四年级。

郑渊洁从1977年开始进行文学创作，1978年创作的童话首次发表在《儿童文学》上。1984年，郑渊洁异想天开地想写一本只刊登自己一人作品的杂志。1985年，郑渊洁分别向共青团山西省委和宁夏人民出版社说明情况，想请他们办这件事。后来，共青团山西省委捷足先登，创办了只刊登他个人作品的《童话大王》月刊。自此，《童话大王》成为郑渊洁的童话专刊。1987年，《童话大王》每期销量突破100万册。郑渊洁笔下的皮皮鲁、鲁西西、大灰狼罗克、舒克和贝塔已经成为亿万小读者心目中的明星。

郑渊洁的童话语言幽默精彩，观点独特新颖，深受少年儿童的喜爱。他也成为几代人心中的"童话大王"。郑渊洁只读到小学四年级，却靠自己的勤奋和努力，一步步走上童话创作的巅峰，并创造出"一个

人撰写《童话大王》20年、读者上亿人、作品发行量突破5500万份"的奇迹，令世人瞩目。

学历不等于能力

大多数人的思维基本上都是这样子：学历等于知识，知识等于能力，没有学历等于没知识、没能力。事实上是这样吗？王永庆才小学毕业，最后却成了台塑大王；郑渊洁只读了四年书，最后竟成为童话大王；比尔·盖茨创办了微软公司，而他并没有大学毕业。

实际上，学历并不等于能力。博士里面有庸才，工人里面也有人才。一个人大可不必为自己的低学历耿耿于怀。学历代表的只是过去，一个人要想拥有未来，必须具有的是学习的能力，而不是学过的知识。学历不是一张永久的温床，可以让你在上面躺一辈子。

如今，就业形势越发严峻。学历固然可以在求职阶段为你提供一些机会，但如果你没能力，迟早都会遭到淘汰。

不是只有你身体不便

据统计，全球残疾人比例约为总人口的10%。虽然政府和社会越来越多地给予残疾人关怀。不过，一个人能否战胜残疾，最终依靠的还是自己的力量。也许，你无法承受残缺的打击，于是开始自暴自弃。但是，你应该明白，完美的人生是不存在的。而且，上天不会偏爱谁，他是公平的。他既然让你栽了一个跟头，也会让你站起来！

海伦·凯勒：人类的伟大偶像

1880年6月27日，海伦·凯勒出生在美国亚拉巴马州北部一个小城镇——特斯开姆比亚。她在19个月的时候被猩红热夺去了视力和听力，不久后又丧失了语言表达能力。7岁时，海伦进入盲校，学校派20岁的安·苏丽文当海伦的启蒙老师。当时，海伦并不会开口说话。为了让海伦发出声音，苏丽文小姐煞费苦心，想尽各种方法。一天，苏丽文把海伦的手放到水龙头下，让她体验水从手上流过的感觉，并在她的手心里拼写"water"（水）。水不知流了多少，苏丽文不知道写了多少遍。奇迹出现了，海伦仿佛突然开窍了，她终于明白了这个词：Water！从此，对海伦来说，语言的秘密被揭开了。之后，在苏丽文的培养和帮助下，海伦不仅学会了说话、阅读盲文，还学会了用铅笔写字、用打字机打字。她的大部分书稿，都是自己用打字机完成的。虽然看不见，但是海伦可以用手感知世界。

虽然身有残疾，但海伦·凯勒学会了英语、法语、拉丁语、希腊语，并完成了14部著作。她的作品被译成50余种文字，风靡了五大洲。海伦·凯勒没有惊天动地的大事业，但她却受到世界亿万人民的敬仰和爱戴。她不但给残疾人以鼓舞，而且给正常人以力量。

海伦·凯勒——一个生活在黑暗中却又给人类带来光明的女性，一个度过了生命的88个春秋，却承受了87年无光、无声的孤独岁月的弱女子，她用坚韧的毅力和顽强的精神，战胜病残，走向辉煌；她不向命运低头，怀揣着信念努力前行，以自己独特的方式向世界展示了一个伟大女性的光辉与风采。她有一句名言，也许正是她人生哲学的写照："当幸福之门关闭的时候，另一扇门却打开了。然而，人们往往只盯着那已经关闭的门，却看不到另一扇已经为我们敞开的门。"

残疾不是不幸，只是不便

生活在无声世界中的著名舞蹈家邰丽华对于自己的残疾，曾说过这样的话："作为一个从事特殊艺术的舞蹈演员，我的经历告诉世人：残疾不是真正的缺陷，那是人类多元化的特点。真正的残疾不是身体上的残疾，而是心灵上的残疾。残疾不是不幸，只是不便，因为残缺也可以创造出一种特殊的美丽。残疾人也有生命的价值。残疾人不仅仅渴望'平等、参与、分享'，我们正在以自己的智慧和意志，和全人类一起，共创美好明天！"

生命总是有圆有缺，残疾不是不幸，只是不便。所以，即使你身体残疾，也不要放弃心中的理想，而是要勇于追求，将理想化为现实。

不是只有你身染疾病

　　健康长寿是千百年来人类共同的追求。随着社会的发展，曾经威胁人类生命的大部分传染性疾病都已得到了有效的控制，但是威胁人类健康和生命的疾病依然层出不穷。虽然每天都有无数人在疾病中去世，但你是否知道：疾病并不一定意味着死亡，对疾病的恐惧和绝望才有可能真正导致死亡。

兰斯·阿姆斯特朗：身患癌症的环法英雄

　　1971年，兰斯·阿姆斯特朗出生在得克萨斯州橡树崖镇。17岁时，他加入了国家青年自行车车队。25岁时，他成为世界排名第一的自行车赛选手。可也就在这一年，他的身体亮起了红灯：在环法赛中，因为睾丸胀痛、咳嗽不止，他不得不退出比赛；在亚特兰大奥运会上，因为乳头疼痛、视觉模糊，他惨获败绩。医生在给他进行了全面的身体检查后做出了诊断：睾丸癌，并且已经扩散，最好马上进行开刀手术。从辉煌的巅峰一下子跌到人生的低谷后，兰斯变得非常消极。不过，他最终还是选择了坚强。他经常对癌症说："你选错了对象，当你在四处寻找一个寄主时，选择我就是个天大的错误。"

　　兰斯开朗了许多，但化疗却没能遏制住癌细胞的扩散。在尼克斯医生的主持下，兰斯接受了一种极端的治疗方案。尼克斯向兰斯的母亲透露，兰斯康复的概率只有3%。

　　渐渐地，这个方案"极端"的原因就显现出来了。两个疗程过去，兰斯已经被折磨得不成人样。他的毛发已经全部脱落，脸上毫无血色；他还要忍受静脉中强烈的灼烧感，而且不时地从胸腔内咳出很多黑色的黏液。到了第三个疗程，兰斯又开始出现剧烈的疼痛和难以抑制的呕吐感，他感觉自己已经筋疲力尽，好像正在通过环法赛上最艰难的一个坡道，所不同的是此时一旦退出就意味着死亡，而不像比赛那样，退出只是输掉奖杯而已。由于病情过重，兰斯不得不接受第四个疗程，而这已经是化疗方案的极限了，将带来更大的痛苦。此时，兰斯承受着病痛和化疗的双重折磨，整日处于半梦半醒的状态，连眼皮都抬不起来，却仍在死亡线上顽强地挣扎着……

凭着坚毅的精神，兰斯最终挺了过来。治疗收到了很好的效果，一份份检验报告显示：他体内的肿瘤细胞数已经下降，各项生命体征开始恢复了。慢慢地，他可以离开病床了，可以练习走路了，可以开始康复健身了……直到有一天，他听到了尼克斯医生对自己说："兰斯，你可以重新骑车了！"

兰斯把尘封的赛车骑到了艳阳下，一点点找回当年的感觉。1999年的环法赛，兰斯以绝对的优势摘取了桂冠。之后，他六次蝉联环法冠军，这个数字既是目前个人赢得环法冠军总数的最高纪录，也是个人蝉联冠军次数的最高纪录。

身患疾病更需要"心灵鸡汤"

美国著名心理学家马丁·加德纳曾经是一名医生。在从医的过程中，他强烈反对让癌症患者知道自己的真实状况。因为，通过调查分析，加德纳医生得出这样一个结论：美国有630万人死于癌症，但其中八成的病人是在得知病情后精神萎靡、消极，直至死亡。他们不是死于病痛，而是死于恐惧。加德纳医生认为：精神是一个人活下去的支柱，如果他的精神被击垮，那么他的生命也不再充满活力了。

面对疾病，积极配合医生的治疗是必须的。但在治疗的同时，也要强大自己的精神，让"心灵鸡汤"滋润自己。只要树立起战胜疾病的决心和信心，坚持治疗，坚持进行体育运动，坚持健康有益的业余爱好，疾病是可以战胜的。在很多情况下，人所处的绝境都不是生存的绝境，而是一种精神的绝境。只要精神不垮，身体就不会垮。

不是只有你婚姻不幸

　　据调查显示，有90%的人在婚后一年里会体验到不同程度的失望！在西方国家，离婚率高达40%。面对不幸的婚姻，有人选择了全身而退，另找一片天空，而有人则选择了为婚姻殉葬。后者的做法非常不可取。婚姻出现了问题，能解决固然好；不能解决，也不必耗费一生的精力，更不要将自己的生命搭进去。

卡耐基：与洛莉塔的失败婚姻

　　卡耐基被称为"成人教育之父"，是美国著名的心理学家、人际关系学家，他开创的"卡耐基课堂"风靡全球。可就是这样一个擅长处理人际关系的大师，也有一次不愉快的婚姻。

　　1912年，戴尔·卡耐基与一名来自德法边界、号称女伯爵的女子结婚，她的名字叫洛莉塔·包卡瑞。在婚礼上，他揭开妻子的头纱时，洛莉塔的第一句话不是祝福他，也不是说"我爱你"，而是质问他："你有没有给清洁工小费？"他心中的幸福感消失了，苦涩涌上了心头。他有一种预感：马上开始的这段婚姻很有可能不幸福。

结婚以后，卡耐基切实感受到了婚姻的不幸。洛莉塔爱炫耀，喜浮夸，脾气暴躁，是一个非常情绪化的人。贵族出身的她对卡耐基的许多行为都看不惯，经常冷嘲热讽，出口伤人。她更是一个花钱的好手，在花销上毫无计划，把卡耐基开办学校挣的钱几乎都花光了。

1929年，美国爆发了经济危机。卡耐基和许多人一样，在股票市场的崩溃中几乎损失了所有财产。作为妻子的洛莉塔不仅没有表示出一丝安慰，还闹得愈来愈凶，并公然与其他男人在一起。没多久，卡耐基和洛莉塔就离婚了。卡耐基仿佛被释放了似的，重新得到了自由的生活。他明白，必须忘记过去的不幸，努力生活。他相信自己会成为百万富翁，失败的婚姻不过是人生中的一个遗憾罢了。

与洛莉塔离婚后，卡耐基把全部精力都放在了事业上，并取得了很大成功。同时，卡耐基也没有放弃对美好婚姻生活的追求，依然乐观地寻找爱情。上天是公正的，他没有遗忘卡耐基的感情生活。桃乐丝的出现给了卡耐基一个巨大的惊喜，也为他开辟了婚姻生活的新天地。

不要为失去的婚姻殉葬

一对男女由相识到相知、相爱、相伴走入婚姻的殿堂，品尝着爱情的甜蜜。在蜜月期中，每个人都认为自己找到了完美的梦中人，但在磨合期中却发现自己过去是"瞎了眼"才会爱上对方。于是，争吵就出现了，苦涩代替了甜蜜。

如果遇人不淑，在婚姻中出现的就不仅是简单的争吵了，而是暴力和背叛。此时，你该如何去做呢？生活中不乏这样的事例，因为婚姻不幸而心生仇恨，或自我伤害，或伤害对方。不管采取哪种方式，结果都是让自己为不幸的婚姻殉葬。自我伤害的人，是想让对方后悔，甚至让他（她）后悔一辈子。可你是否想过，或许他（她）正乐意以这种方式彻底摆脱你。一转身，他（她）走入新的生活。而你的家人却一辈子活在悲痛之中。这种"亲者痛、仇者快"的做法岂不是很愚蠢？伤害对方，看似一洗心中的仇恨，但是你的余生如何度过呢？为伤害自己的人而失去自我，这也不是聪明的做法。

如果婚姻真的无法挽救，就走出来。这不是便宜对方，而是对自己的救赎。婚姻可以死亡，但自己的独立和尊严绝对不能死亡，所以，不要为失去的婚姻殉葬。

不是只有你面临挫折

在工作和生活中，你是否经常遭到别人的拒绝？如果是的话，那么你是否会因为这些挫折而消极抱怨？

要是你觉得那些成功人士的事业总是很顺利，那你就错了。越是成功的人，经历的挫折往往越多。在成功之前，他们和普通人一样会被拒绝，但他们与普通人不同的是，他们会越挫越勇，直到梦想成真。

被拒绝1009次的桑德斯

在世界的各个角落，我们都可以看到这样的招牌：一个和蔼可亲的老人戴着粗框眼镜、扎着蝶形领结，白色上衣外面系着红色的围裙。这个老人就是著名快餐连锁店"肯德基"的招牌和标志——哈兰·桑德斯上校。

哈兰·桑德斯年轻时做过铁路消防员、养路工、保险商、轮胎销售员及加油站站主等等，涉足过各行各业。不过，他最后在餐饮业找到了事业的归宿。他在肯塔基州经营加油站时，为了增加收入，会制作各种小吃，提供给旅客，并且深受欢迎。他甚至在加油站对面开了一家很大的餐厅，专门出售自己制作的美食。肯塔基州州长于1935年封他为肯塔基上校，以表彰他对肯塔基州餐饮业做出的贡献。桑德斯最著名的拿手好菜就是他精心研制出来的炸鸡。他经过十年的调配，才制作出了那种令人吮指回味的炸鸡。

二战的爆发对桑德斯的生意是一个致命的打击。因为战争，餐厅所在地要改修一条高速公路，桑德斯破产了。昔日的富翁，成了一个穷人，每个月只有数额不多的保险金，根本无法维持生活。此时，桑德斯已是66岁的老人了，但他并不想在穷困潦倒中走完自己的一生。

于是，在66岁那年，桑德斯开着一辆老福特车，带上有十一种独特配料的炸鸡秘方和他的得力助手——压力锅上路了。他到过肯塔基州、印第安纳州、俄亥俄州等地的餐厅，试图将炸鸡的配方及做法卖给有兴趣的餐厅。最初，并没有人相信他，餐厅老板都认为这是一个怪老头，说着一些不着边际的话。在两年的时间内，他一共被拒绝了1009次。但是，桑德斯并没有灰心，他走进了下一家餐厅，在这里，他终于得到了肯定的回答。有一个人接受了他的想法，就会有第二个人。在桑德斯的努力下，他的想法得到越来越多人的肯定。在短短五年内，他在美国及加拿大已有400家连锁店。

1980年，90岁的桑德斯离开人世。他虽然离开了自己心爱的事业，但他创立的肯德基炸鸡仍然影响着世界。人们也许不知道肯塔基州，但几乎

没有人不知道肯德基快餐。虽然经历了1009次拒绝，但桑塔斯并没有停下前进的脚步。他用一只鸡，改变了世界人民的饮食习惯。

挫折只会让人更强大

　　"树木结疤的地方，也是树干最坚硬的地方。"这是德国的一句谚语。生长在大自然中的树木不可避免地要经受风吹雨打，树干有可能倾倒，树枝有可能折断。但只要树木不死，它受伤的地方就会成长为树木最坚硬的地方。对人而言，也是这样。人不可避免地要遭遇挫折和打击。挫折一方面会使人痛苦和消沉，另一方面又给人教训，使犯错者幡然醒悟。它还能磨砺人的意志，使人更加成熟、坚强。

　　挫折像一块石头。对于弱者来说，它是绊脚石；对于强者来说，它是垫脚石。所以无须惧怕挫折，要将它视为上天给你的成长的机会。只要你勇敢地面对挫折，拿出全部精力和勇气，挫折就会被你甩在身后，你也会变得更加强大。

揭露幸与不幸的秘密

有一个人死去之后，灵魂来到了地狱。在地狱里，他见到的每一个人都经历过大大小小的不幸，哪怕是那些让他羡慕的幸运儿和大人物们也不例外。上帝允许这些灵魂互相交换不幸的记忆，但大家都面面相觑，没有人愿意。

　　上面这个故事告诉我们：这个世界上没有人属于绝对的不幸或者幸运，而幸和不幸也只是相对而言的。上天不会把世界上最好的一切全给你，当然也不会把一切的不幸都给你。曾经以为，那些伟大的、成功的人们总是很幸运，可一旦细心了解，就会发现他们也都经历过不幸，程度甚至远超过一般人。但他们成功的原因也正是这些不幸，不幸迫使他们主动地思考、工作，主动地追求幸福，从而走上了成功之路。

真正的不幸是拥有不幸感

不幸感是什么呢？是一个人持续不断、摆脱不掉的不幸感觉，总认为自己一定是最倒霉的人，幸运不可能降临到自己头上。这是一种负面情绪，它让我们在不幸中无法自拔，在幸运中无法开怀，它甚至让我们失去了生存的勇气。贫穷、挫折等都不是真正的不幸，拥有这种不幸感，才是一个人真正的不幸。

不幸只是一次经历，而不是人生

当一个人体会到不幸之后，一定要谨记，不幸只是一次经历，而不是人生。一个人漫长的一生不会因为一次打击就变得不幸起来。

戏剧大师莎士比亚曾遇见过一个不幸的少年。这个少年刚刚失去父母，莎士比亚却安慰他说："你真是个幸运的孩子，因为你已经历了不幸。"当时的少年还很懵懂，正沉浸在无依无靠的痛苦之中，并不理解这番话。莎士比亚接着告诉他："不幸是人生中最好的一种历练，是不可缺少的成长机会。你失去父母的庇佑，今后的一切都要自己去打拼了。"听到这里，少年仿佛领悟到了一些东西。转眼40年过去了，当初孤苦伶仃的少年已经成为世界著名的物理学家，他就是曾任英国剑桥大学校长的柯克·詹姆士。

别把不幸无限放大，那只会给你的心灵蒙上阴影，让你看不见未来的光明。对于年幼的孩子来说，失去双亲的确很不幸，但不幸总会过去，不会伴随他的一生。正像柯克·詹姆士先生一样，不幸能够带给人独立、坚强和智慧，这也是一个走向成功和幸福的宝贵机遇。

　　不幸是成功的机遇，也是成功的羁绊。如果你将它当作一次经历，它就是成功的机遇；如果你将它当作人生，它就是成功的羁绊，让你无法摆脱它的纠缠。

不幸感让不幸成为人生

　　面对不幸的突然降临，人们总是要经历这样一个过程：先是震惊，不敢相信事实；然后用愤怒来发泄自己的伤心和不安；灰心丧气，觉得出路渺茫；尝试与命运讨价还价，甚至希望时光倒流；平静下来，终于愿意接受现实。这个过程就好比一种"进化"，有的人很快就能完成，因为他们豁达、勇敢，那么他们的未来将会一片光明；有的人直到死亡的一刻也没能完成，因为他们杀不死内心强烈的不幸感，沉浸在伤痛中无法自拔，那么他们能得到的只有不幸。从心理学的角度讲，这些不幸感造成了人们对"怜悯"和"同情"的渴望和依赖，时时刻刻暗示自己有多么不幸，就好比古希腊神话中顾影自怜的纳西塞斯，他们的毁灭并不是因为外力的压迫，而是因为他们自我束缚、自我禁锢在不幸的阴影里，不肯走出去，直到耗尽生命。

　　这种不幸的心态是幸运的克星，不仅会阻碍成功的脚步，而且会让人越陷越深，把一段不幸的经历扩大成不幸的人生。因此，摆脱这种不幸感才能扭转失败的局面。

　　真正的强者总是能从不幸带来的痛苦中走出来，选择接受现实，追求新的生活；反观那些内心懦弱的人，轻而易举就被不幸打倒，选择自我放弃，最终一事无成。所以说，幸运总是青睐有准备、有理想的人，而不幸往往会与悲观的人纠缠一生。

幸运是一种对自己的满足感

幸运是什么？也许每个人的回答都不一样，但是我们每个人都希望自己是幸运的。可你是否知道，其实这份"幸运"就来源于我们自己。准确地讲，它是我们心里的一种感觉，觉得生活中充满阳光，觉得上天眷顾自己，觉得人生没有什么难题。这种感觉就是对自己的满足感，它会对我们的生活产生良好的影响，让我们真的幸运起来。

幸运在心中

人人都渴望幸运，都想与幸运结缘，但是幸运在哪里呢？

台湾著名散文作家林清玄有一篇散文《寻找幸运草》，在文章中他对自己的侄子说："你们看，这酢浆草的叶子是三片的，传说如果找到一株四个叶片的酢浆草，也就是'幸运草'，就会很幸运，愿望就会成真喔。"林清玄第一次听到"幸运草"的传说，是在八九岁的年纪，从那个时候起，他只要看到酢浆草，就会忍不住蹲下来，看看能不能找到幸运草，使自己的愿望得以实现。似乎，他并不幸运，从来没有找到过幸运草。可是，他年少时的愿望都一一实现了。当他用努力走过人生的坎坷，才发现那株幸运草早就深深地植入了心中。

一株小小的草，怎么会给人带来幸运呢？从科学上讲，酢浆草长四片叶子不过是遗传变异的结果罢了。但是发现"幸运草"的人，心情一定会很愉快，看世界的眼光会变得柔和，面对挫折会很坚韧。于是，不幸在他的心中没有了分量，而他也就能享受到幸运的人生。

所以，林清玄才说："幸运草多出来的一片，确实不在草里，而在我们的心中。只要我们的心够宽广，只要我们的情够细腻温柔，只要我们的爱够深刻美好，只要我们一直保持喜悦自由的生命姿势，我们的心就会长出一株美丽的四个叶片宛然的幸运草。"

你的心里，是否生长着一株幸运草呢?

知足才会常乐

幸运是一种满足感，但怎样才会满足呢？是拥有更多的金钱吗？总有比你钱多的人。是得到更高的地位吗？总有比你位高权重的人。是拥有美丽的容貌吗？也总有比你更美的人。如果我们单纯追求这些东西，那永远也不会满足，也就不会快乐。

有这样一个故事：树林里住着一对长臂猿兄弟，它们整天在树枝间嬉戏玩耍。可是它们却觉得自己十分不幸，因为它们每天都需要辛苦地寻找食物，有时还吃不饱。一天，长臂猿兄弟来到山脚下，看见动物园里有一只猩猩被关在笼子里，笼子里还有各种各样的水果和食物。对此，长臂猿兄弟羡慕不已。这时，笼子里的猩猩沮丧地抬起了头，用渴望的目光看着长臂猿兄弟，心想："那两只长臂猿多幸运啊，拥有自由！"

　　笼子里的猩猩和笼子外的长臂猿都认为对方才是幸运的，因为它们看到的都是对方有而自己没有的一些东西。生活中也总有这样的人，盯住他人的所谓幸运不放，却忽视了自己拥有的东西。幸运是没有标准的，对自己拥有的应该珍惜，应该知足。

　　知足常乐是一种健康的心态。一个人没有名利也可以很快乐，因为他知足；而拥有名利，但不快乐的也大有人在，这种名利又有什么意义呢？当然，知足常乐并不等于不思进取。知足常乐是说要以平和的心态对待宠辱得失。只有端正了心态，才能在不幸中寻找机遇，将不幸转换为幸运。

幸与不幸都由自己掌控

世上没有绝对的"幸"与"不幸"。事情的发展方向常常会在我们的一念之间做出改变，我们无法确定自己在当下是否不幸，只有通过对结果的比较才能做出判断。因此，在结果到来之前，一切都存在变数，而我们手中掌握着至关重要的选择权。

幸和不幸，是相对的

朱德庸在漫画《跳楼》中讲述了这样一个故事：

一个女孩，觉得自己过得很不幸，终于有一天她真的决定从11楼上跳下去。在身体慢慢往下坠时，她看到了：10层以恩爱著称的夫妇正在互殴；9层平常坚强的Peter正在偷偷哭泣；8层的阿妹发现未婚夫跟最好的朋友在床上；7层一向自信的丹丹在吃她的抗忧郁症药；6层失业的阿喜还是每天买7份报纸找工作；5层一直受人尊敬的王老师正在偷穿老婆的内衣；4层的Rose又要和男友闹分手；3层有6个孩子的阿伯每天盼望有人拜访他；2层的莉莉还在看她那结婚半年就失踪的老公的照片。在跳下之前，女孩以为自己是世上最倒霉的人，看完他们之后，她深深地觉得其实自己过得还不错。但她发现自己已经无力再睁开眼睛……

世上总有像女孩这样的人，认为他人一切都好，只有自己才是最不幸的人。但实际上，总有比你更不幸的人。萨迪是古伊朗的伟大诗人，他曾经非常贫穷，没钱买鞋，只能光着脚去做礼拜。他认为自己是世上最不幸的人，而当他在礼拜堂里看到一个失去双脚的人时，才明白自己跟那个人比起来是那么幸运。

世上并无绝对的幸运，也无绝对的不幸，一切都是相对的。就是一个看似幸运的人，背后也有不为人知的辛酸。如果你知足常乐，自信、乐观、积极地去生活，生活处处都是机遇，你的每一天都会很幸运。

幸或不幸，你可以选择

飞行员米歇尔在一起车祸中受到了重创，身上65%的皮肤被灼伤。经过前后16次手术，他虽然保住了性命，却无法像正常人一样生活了。对于曾经是个飞行员的米歇尔来说，无法自由地使用刀叉，无法拨电话，甚至无法独自上厕所，全部都是天大的折磨。但他明白，在这种状况下，自己只有两条路可走：一是放弃努力，服从命运，就这样度过自己不幸的余生；二是振作起来，面对现实，并且积极地尝试改变它。

米歇尔选择了后者，积极地配合医生治疗，努力地进行康复训练。六个月后，他又可以开飞机了。四年后，米歇尔驾驶的飞机在起飞时，摔回了跑道，他的十二节脊椎骨被压得粉碎。米歇尔的下半身就这样永远瘫痪了！他不明白，命运为什么总是折磨他？抱怨归抱怨，米歇尔最终还是选择了不屈不挠。终于，凭借双手，他又可以独立生活了。他还成功地当选为科罗拉多州孤峰镇的镇长，他甚至要竞选国会议员。

面对不幸，米歇尔用勇气和努力改变了困顿的境况。的确，对人生而言，幸还是不幸，是可以由自己选择的。你选择了消沉，就选择了不幸的人生；你选择了积极，就踏上了幸运之路。如果我们都能像米歇尔一样，用一种新的视角看待人生，对生命、对世界充满爱与期盼，那么我们就会发现，再大的不幸也没有什么大不了的，暴风雨之后，一定会出现美丽的彩虹。

幸运可以被创造

真正有理想、有目标的人从不愿意过庸庸碌碌的一生。他们渴望幸运女神的光临，渴望自己的才能得到发挥，渴望体会到成功的喜悦，用行动让自己不断成长、不断进步，始终朝着梦想的方向努力奋斗。

那些总是埋怨自己生活在不幸中的人应该感到非常幸运，因为幸运并非与生俱来的，它是可以被创造的。如果你想让自己拥有幸运的人生，你要做的就是思考人生、创造幸运。

幸运公式是：健康心态＋良好人际关系＋集中目标＋执着行动＋开阔思路＋坚持到底＋怀抱希望＝幸运。幸运女神只会眷顾那些奋起直追、敢于抗争的人，而沉迷于过去、抱怨命运的人则会与她背道而驰，渐行渐远。

培养健康的心态，心态决定命运

在我们周围，有些人总是一帆风顺，看起来非常幸运，而有些人恰恰相反，劳碌一生却收获寥寥。难道世人的命运真的是早已注定？答案当然是否定的，因为命运由我们自己主宰，而决定命运的关键就是"心态"。心理学研究也已证实，心态会左右你的选择，而选择直接影响到结果。

生活就好像一座有回声的山谷，你用什么语气对它说话，它也会用什么语气来回答。所以，想要得到生活的善待，就要先善待生活。这种健康的心态会帮你击退消极的干扰，保持积极乐观，专心致志地实现梦想。因此，心态决定了你的初衷、方向、动力和结局，也就是你的命运。

自信才能赢

拥有自信的人无所畏惧，总是积极乐观地行动，并勇于尝试新的领域，他们更容易获得成功。而缺乏自信容易导致许多问题，最明显的就是自卑。自卑的人容易偏激、怯懦、多疑，他们觉得生活中处处都是困难，自己一无是处。但实际上，正是因为自卑，才常常使原本简单的事情变得复杂起来。

超越自卑

一个人因为挫败而垂头丧气，甚至一蹶不振，总是认为自己一无是处，从而产生自卑心理。而自卑的产生可能会抹杀掉一个人的自信心。

内心充满自卑的人，往往会有三种不同的表现：一种是把自卑变成自强的动力，奋起直追，努力超越那些优秀的人；另一种是自卑到无法自拔，放大了自己的缺陷，从此畏缩不前；最后一种是将自卑心理扭曲成忌妒，把精力用在破坏别人的成功上面。

在上述三种表现中，最正确的无疑是第一种。这些道理说起来人人都懂，可做起来就未必人人都行了。在与自卑心理的抗争中，总会出现一些过分消极的人，很容易被自卑打败。这些人形成了"不如别人"的思维定式，看不见自己的长处，更没有冲破压力的勇气和斗志，任由自卑将他们的心灵腐化、吞噬，彻底地告别快乐与成功。另一种失败的人更加可怕，他们的斗志并没有用于改变自己，而是用于歪曲现实、自欺欺人，希望通过一些过激的行为来维系自己内心的平衡。在这种强烈的自卑和忌妒心理笼罩下，他们会变得疯狂，会企图通过阻挠别人来得到满足，甚至不惜毁灭自己。

自卑是一把双刃剑，可以用来对付敌人，也可能伤害到自己。一旦你超越了它，就会得到强大的动力，想要不断超越走在自己前面的人，面对困难自然攻无不克，战无不胜；一旦你用错了它，就会错失成功的机会，甚至会因此一蹶不振，一事无成。

正确地引导自己，打破自卑的阻隔，胜利也就不远了。

自信无敌

美国哲学家罗尔斯曾说过："所谓自信，就是我们能从自己的内心找到一种支持的力量，足以面对生或死给我们的种种打击。"自信，是战胜困难的首要力量，是获得机会、财富、地位、荣誉的第一要素，是取得成功的最为重要的一种心态。没有自信，就只能与忧愁、失败、沮丧结缘。如果人生是树，自信就是阳光，没有自信的人生永远无法开花结果；如果人生是探险，自信就是指南针，没有自信的人生注定走不出迷惑，走不到成功。

小泽征尔是一位世界著名的音乐家，他的成功正是源于自信。一次，他应邀去欧洲参加国际音乐指挥大赛，决赛时排在第三个出场。按照赛会提供的同一份乐谱，前两名选手都在指挥的过程中遇到了一个问题：有一小节的演奏明显不和谐。两个人先后发现了这个问题，都以为自己出现了失误，略微迟疑了一下，选择不动声色地掩饰过去，在结束后才向裁判们露出歉意的微笑。接下来轮到小泽征尔了。开始，他以精湛的指挥使曲子演奏得十分完美，然而不和谐的音符紧接着出现了。他觉得这一段乐谱有问题，请乐队停了下来，但裁判们坚称乐谱是准确无误的，要他继续演奏。可第二遍仍然不顺利，小泽征尔思考了一下，再次指出乐谱的错误。这时，裁判的脸色十分难看，警告他不要随便怀疑赛会的权威。面对尴尬的局面，小泽征尔并没有退缩，反而坚定地指出：乐谱一定是错的！话音一落，裁判席上忽然爆发出热烈的掌声，所有的裁判都向他起立祝贺：他胜利了！这份乐谱是个小"陷阱"，只有真正的大师才会为音乐而坚持。

前两位指挥家难道没有发现乐谱中的错误吗？他们发现了，可是由于没有自信，他们不敢对所谓权威质疑，于是与胜利失之交臂。但是，小泽征尔敢。而成功也只垂青于小泽征尔这样有自信的人。

人生有如一叶波涛之上的小舟，若想让它不因巨浪而迷失方向，就应保证船头始终有一个罗盘——自信。

乐观才能靠近幸运

乐观既是一种心理状态，也是一种性格品质。乐观的人更容易发现事情有利的一面，并积极地期待最有利的结果，幸运也常常如约而至。而悲观的人总认为好事是暂时的，坏事才是永远的。所以，做任何事情，他们最先想到的是失败，于是丧失了斗志，不思进取，失败怎能不到来呢？

不要为打翻的牛奶而哭泣

无论在工作或者生活中，每个人都会碰到一些不顺心的事，甚至会陷入令人无法接受的困境。此时，你可以选择，可以把它们当作一种无法避免的情况，并学会去适应，也可以整天悲伤、忧虑，毁掉自己的生活。

应该如何选择呢？哲学家威廉·詹姆斯给出的忠告是："要乐于承认事情就是这样的情况。"他还说："能够接受发生的事实，是战胜不幸的第一步。"因为事情既然已经这样，就不会另有他样。学会接受，并尽快从烦恼和悲痛中解脱出来才是最正确的选择。

在纽约市中心一家办公大楼里有一个开载货电梯的人，他没有左手。有人问他少了那只手会不会觉得难过，他说："噢，不会，我根本就不会想到它。只有在要穿针的时候，我才会想起这件事情来。"是啊，为发生的事哭泣也没有用，因为事情已经发生了，就要接受。

人非圣贤，孰能无过？就连拿破仑也不是百战百胜。因疏忽大意而犯错固然不对，但一切已成事实，为过去的失误而叹息不过是浪费时间。只有勇于承担上一个错误的后果，才能开始酝酿下一个成功。

既然牛奶已经打翻，就不要为此哭泣。抛开忧虑，以积极而又乐观的态度生活。

乐观会改变最糟的情况

乐观是一种积极的心态。乐观的人相信没有最坏的事情，即使这件事情做不成，也相信必有更好的另一事情在等着自己；即使好事被

其他人占了，那还有更适合自己的事。乐观的人总会积极地努力，他们相信努力总会有回报。而正是这种乐观的行动，能够使最糟的情况发生改变。

多赛是一名喜爱户外运动的美国医生。一次野营时，他被马抛到地上，肋骨骨折，浑身疼痛，躺在距离宿营地几十公里以外的荒郊野地里无法动弹。多赛没有恐慌，而是先动了动脚趾和脖子，"它们都能动，"多赛说，"多幸运，还好脊椎没有摔断。"这时，他面临如下选择：等待救援，或是徒步返回宿营地。如果选择前者，可能要等好几天，那样会错过最佳治疗时间；后者看似不可能完成。但是，多赛以一种乐观的态度坚信自己可以做到。他努力撑起身体，居然站了起来。确定方向之后，多赛一步步向宿营地的方向走去，每隔15分钟他就不得不停下缓几口气，以免被剧痛夺去意识。

经过十多个小时的步行，他于凌晨4点到达了宿营地。多赛被迅速送往医院救治，得到了及时有效的治疗。面对当时恶劣的情况，悲观者会被恐惧吞没，消极等待，无所作为；而乐观者会看到希望，选择积极的行动。孰劣孰优，一目了然。

当不幸来临时，千万不要把事情想象得那么糟。就算事情很糟糕，也要乐观，因为乐观会改变糟糕的状况。

幸运垂青勇者

一个有着无畏精神的部队能在决战中制胜，同样，一个人在面对困难时，以勇往直前的精神奋勇前进，就能战胜困难，得到幸运的垂青。

每个人都有强大的力量，但这种力量只有在勇气的推动下才能发挥出来，否则它将沉睡终生。美国第十六任总统亚伯拉罕·林肯说过："一个有知识而没有勇气的人，他成功的可能性几乎为零；一个缺乏知识的人，只要他有足够的勇气，他成功的可能性为100%。"

最大的危险是不冒险

即便是处在同样的环境和机遇条件下，同样有人成功，有人失败。其中的关键因素就在于是否有勇于冒险的精神。面临困境，你是被动地接受还是主动去改变命运呢？正确的答案应该是：在命运还没有宣判之

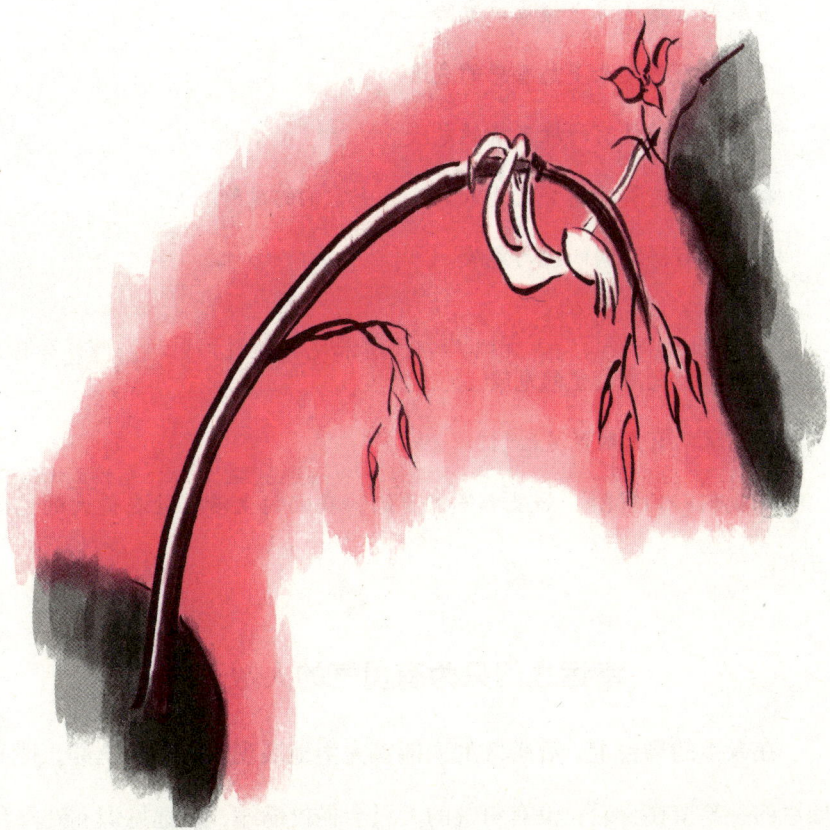

前，以一种冒险的精神主动追求改变。这样，我们就能扭转命运，迎来生机。

战争英雄拿破仑曾经说过："很少有人因为冒险而招来灭顶之灾，更多的人是因为不去冒险而全军覆没。"所谓"风险"不过是胆小的人想象出来的，是他们不敢行动的借口。勇于冒险，你将有三分之二的机会成功，哪怕是失败了，至少还有宝贵的经验，也算是为今后人生积累的精神财富。

请记住这首名为《冒险》的小诗：

笑就有看起来像个傻瓜的危险。

啜泣就有看起来多愁善感的危险。

与别人交往就有纠缠不清的危险。

把你的创意和梦想公之于众就有失去它们的危险。

去爱就有得不到回报的危险。

活着就有死去的危险。

怀抱希望就有失望的危险。

去尝试就有失败的危险。

但我们必须冒险，如果都不去冒险，我们的生活就处在最大的危险当中。

幸运之门只为有勇气的人敞开

在人生的舞台上，有勇气的人能够完美地展现出自己的全部，把最灿烂的一笔留在身后；没有勇气的人只会畏畏缩缩，永远见识不到舞台的广阔和成功的美妙!

卡洛斯·桑塔纳出生在墨西哥,17岁随父母移居美国时,由于英语太差,他的功课一团糟,但他的歌唱得很好。一次,学校要举办年级歌手大赛,学生可以自由报名参加,但是卡洛斯却一直没有勇气去报名。当报名时间只剩下两天时,他的音乐老师克努森问他:"卡洛斯,你为什么不去报名呢?"

"克努森先生,您是知道的,"卡洛斯低着头小声说,"我的成绩不好,甚至是糟糕,即使……"

"卡洛斯!"老师把双手放在他的肩上,看着他的眼睛说,"我的孩子,你要记住一句话:不论做什么事,都要拿出全部的勇气来,因为幸运的大门只为勇士敞开!"

老师的话给了卡洛斯极大的信心,他勇敢地报了名。在比赛中,他用天籁般的歌声征服了全校的老师和同学,一举夺得年级冠军。克努森老师的话给了卡洛斯极大的启迪,让他在以后从艺的道路上,无论遇到什么困难,都毫不退缩,奋勇向前。付出终有收获:2000年,52岁的卡洛斯·桑塔纳成为第42届格莱美奖颁奖舞台上最大的赢家,独揽了包括含金量最高的格莱美年度专辑奖与年度歌曲奖在内的8项大奖。在领奖台上,卡洛斯做了一次简短的演说,述说了他对音乐的热爱,并着重强调了一点:"幸运女神之门只为有勇气的人敞开,如果没有勇气,我也不可能站在这个舞台上!"

无论在什么年代，成功的人都有一个共同点，那就是拥有激情！他们凭着对生活的热爱、对理想的执着，加上满怀的激情，在事业上步步高升。拿破仑·希尔指出，若你能保有激情，就会创造出奇迹。激情是一种动力，在你遇到逆境、失败和挫折的时候，它会给你前进的力量，让你坚持行动，努力奋斗，直至成功。

热爱才有激情

诺曼·卡曾斯在他所写的《病理的解剖》一书中，讲述了一则关于20世纪伟大的音乐家卡萨尔斯的故事。这是一则关于热爱与激情的故事，相信你能够从中得到启示。

在卡萨尔斯九十大寿前不久，卡曾斯和他见面了。卡曾斯说，自己实在不忍看那老人所过的日子。卡萨尔斯穿衣服时需要有人协助，他走起路来颤颤巍巍，好像随时都会摔倒。就在吃早餐前，他贴近钢琴，那是他最热爱的乐器。当他吃力地坐上钢琴凳，手指抬到琴键上后，一切都变了。卡萨尔斯像完全变了个人似的，他神采飞扬，身体和着节奏摇晃，仿佛是一位年富力强的钢琴家，沉醉在自己的音乐世界中。

卡萨尔斯热爱音乐和艺术，这不仅使他的人生美丽而高贵，并且持续地带给他神奇的力量。在这种力量的支持下，他每日都从一个体弱的老人化身为活泼的精灵。这难道不是一种奇迹吗？是什么创造了这种奇迹？是热爱所燃起的激情。

　　要想获得成功，就必须对所做的事情充满热爱。热爱是最好的老师，是源源不断的动力。如果没有热爱，你的激情就像无源之水，总有一天会被消耗殆尽。

因为做自己喜欢的事而充满激情，因为激情而享受成功的快乐！就让热爱点燃你生命中的激情吧！

激情是一种成功的力量

潜质并不是天才的专属，在每一个孩子身上都会或多或少地存在。无论他们是聪明伶俐、敏捷迅速，还是沉默内向、愚钝木讷，这些潜质都会帮助他们变成优秀的人。正如英国政治学家格莱斯顿所说，这世上最有意义的工作莫过于激发出一个孩子内心埋藏的全部热情。这些热情会让他们拥有创造奇迹的力量，抹去一切笨拙和不安的痕迹，取得属于他们自己的伟大成功。

即使对于成年人来说，这个道理也适用。一个人如果拥有了激情，就拥有了成功的力量。在社会上，就算两个人具有完全相同的才能，必定是更具激情的那个人能取得更大的成就。

法兰克·派特凭着对工作超人的热情，从一名退役的棒球手成为著名的人寿保险推销员。法兰克·派特在打球时曾因为动作无力、缺乏激情，而被当时的球队开除。后来，他转到另一支球队，想抓住这次机会，成为出色的球员，结果他做到了。关于成功的过程，他是这样描述的："我一上场，就好像全身带电一样；我强力地击出高球，使接球的人双手都麻木了。记得我有一次带着强烈的气势冲入三垒，那位三垒手吓呆了，球漏接了，我盗垒成功了。当时气温高达华氏100度，我仍然在球场上奔来跑去。其实，当时我极有可能中暑倒下去。"

他退役后进入了保险行业，把当初加入新球队打球时的激情投入到做推销员的工作中来，最终获得了巨大的成功。在12年的推销生涯中，他目睹了许多推销员因为有激情而让自己的收入成倍增长，同样也目睹了更多人由于缺乏激情而一事无成。

激情能够点燃一个人全身的活力，让他保持振奋和警醒，被内心的渴望催促着突破一切阻碍，主动前进。如此一来，取得最终的胜利只不过是时间问题。

营造人际关系网，
他人带来幸运

　　人是社会性的动物，你一定会与某些人形成一定的关系，这是生活在社会中的人无法回避的命运。社会就是众多人际关系的总和，从这个角度上说，每个人都怀有你的机会。因此，你必须了解他人，与人谋事，而不是将自己孤立起来。如果你的人际关系处理得非常好，他人一定会给你带来幸运。而缺乏良好的人际关系，你能力再强也无法获得成功。

诚信是人际交往的准则

　　人无信不立，国无信则衰。诚信是人最重要的道德品质之一，是整个社会关系稳定建立的基础。在人与人的交流过程中，以诚信为前提会使双方更加坦诚，沟通更加有效。一个不讲诚信的人常因私利而背弃社会，那么社会也会将他孤立，让他寸步难行。

诚信才会取信于人

　　一个人想要在社会上立足，首先就要获得他人信任，建立良好的人际关系。无论对象是集体还是个人，这句话都很适用。合作双方必须建立起互相信任的关系，才能取得成功，例如在一个团队中，领导与成员之间、成员与成员之间都要互相信任，才能融洽合作、高效合作。所以说，情感的交流是相互的，想要获取别人的信任，首先就要信任别人，始终保持一颗诚信的心。

日本著名的企业家吉田忠雄在总结自己的创业成功经验时说过："为人处事首先要讲求诚实，以诚待人才会赢得别人的信任，离开这一点，一切都成了无根之花，无本之木。"他曾在一家小电器商行做推销员。一次，他推销出去了一种剃须刀，但是后来才发现，他所推销的剃须刀比别家店里的同类型产品价格高，这使他非常不安。经过一番考虑，他向自己的顾客说明情况，并主动退还了差价。吉田忠雄这种以诚待人的做法深深感动了顾客，这些顾客主动向吉田忠雄订货，并在原有的基础上选购了许多新产品，这使吉田忠雄的业务额急剧上升，很快得

到了公司的奖励。吉田忠雄靠着诚信积累了资金和人脉，为日后创办公司打下了良好的基础。

幸运是指有很多成功的机遇，事业总是能一帆风顺；而诚信是人的一种可贵品质，是建立良好人际关系的基础。从表面上来看，二者似乎关系不大，可一旦深入思考就会发现：讲诚信的人更容易得到周围人的认可和帮助，从而获得比别人更多的机会，也就显得更加幸运。所以，坚持将诚信作为处世原则的人，才会常常受到幸运女神的眷顾。

骗人终骗己

有人也许要抱怨当今社会的生活压力太大，认为先把财富、名气弄到手再说，诚信暂且放到一边去。但是，丢弃诚信的人就好比一只气球，因为没有坚实的皮囊，总有被撑破的一天。在商品经济繁荣发展的今天，我们不是不要诚信，而是更要"诚信"，否则只会自取灭亡。美国有一位哲人曾经说过，营造一种信誉需要20年或更久，但是你要毁掉它，5分钟就足够了。比如曾深受人们喜爱的金华火腿，已有1200多年的历史。但是，它因为"敌敌畏浸泡火腿"事件而被中央电视台《新闻调查》曝光。仅仅几分钟的电视报导就让这个千年品牌名誉扫地，一蹶不振。

职场是人们为了成功而不断奋斗的舞台，而诚信作为人的基本品质，是人们在这个舞台上立足的重要条件。如果为了一己私欲违背诚信原则，那么终究逃不脱失败的命运，甚至会彻底失去在职场上竞争的资格。比如说，有的人为了能在竞聘者中脱颖而出，虚构个人经历，伪造专业证书，将自己包装成不可多得的人才。也许他们能够因此获得心仪的职位，能够风光一时，可一旦时间长了，必然漏洞百出，因为头脑和知识是无法造假的。

影响一个人成功的因素很多，比如勤奋、机遇、头脑等等。然而我们的活动离不开社会，遵守诚信原则正是取得社会认可的必备条件，因为谎言换来的成功不会长久，只不过是一时的自欺欺人。

宽容是人际关系的润滑剂

释迦牟尼说："恨不能止恨，爱却能止恨。"这种爱体现的就是一种宽容之心。荷兰著名的哲学家斯宾诺沙也曾说过："人心不是靠武力征服而是靠宽容大度征服的。"宽容是一种美德，是做人必须具备的品

质，它能让一个人的心胸变得坦荡和豁达。有了这份坦荡和豁达，人生的路就宽阔起来了。

宽容比仇恨更有力量

矛盾是人与人之间产生隔阂的原因。在社会交往中，人们不同的背景、思路、视角等等都会引发矛盾，既然矛盾不能避免，那么该如何解决呢？要么斤斤计较，耿耿于怀，最终害人害己，两败俱伤，要么胸怀宽广，主动谅解，握手言和，将所有不愉快统统丢到脑后。显然，后者更加可取，因为多个朋友总比多个敌人要好。

在南方的某个小镇住着一个叫怀平的人，他凭着自己的聪明才智和辛勤劳动发了家，成为当地小有名气的富翁。但是，经济上的富裕并没有让他忘记那些仍在受贫穷折磨的人。他乐善好施，为许多无家可归和谋生无路的人提供就业机会。然而对于怀平无可挑剔的品格，却仍有人散布谣言诋毁他。怀平闻听后，只是淡然一笑，并不计较。没想到的是，有位诽谤者很快走到了破产的边缘。如果他得不到经济上的援助，就只能关门歇业。虽然他自感求助于怀平的希望渺茫，但迫于生存的压力，他还是硬着头皮去了。站在怀平面前，他满脸羞惭地讲了自己的情况，并表示自己很后悔说过那样的话。

怀平微微一笑，说："好了，事情已经过去了，不要再提它了。我这里有一张10万的支票，你先拿去，振作起来，从头再来，一切都会好起来的，我相信你会成为最出色、最优秀的商人。"这位诽谤者接过支票，重整自己的公司，并再次发达起来，然后事事效仿怀平，处处帮助他人。

宽容是融化仇恨、化敌为友、缓和矛盾的最佳方法。而仇恨是一把双刃剑，伤害的不仅是对方，还有自己。仇恨能蒙蔽人们的眼睛，使人们只看到生活中的黑暗与丑陋，心灵永远也得不到安宁。生活在这种情绪中的人怎么会得到幸运女神的青睐呢？

宽容为你带来好运气

宽容是什么？有人认为：宽容是懦弱的表现，宽容的人太没个性，总是让步。古语有云："人非圣贤，孰能无过？"过错总是让人悔恨，就好比横在路上的一块大石头，无法轻易翻越，如果想继续向前走，往往就需要他人伸出援手，帮自己渡过难关。因此，宽容是一种博爱，原谅别人的过错，给他们改正的机会，使他重新点燃生活的信心。这种爱是相互的，只要用宽容的心对待别人，也许有一天，当你陷入困境时，就会得到他们感激的回报。

鲍伯是一个室内装潢工厂的老板。一天，生产线上的工人卡特在上班时喝得酩酊大醉，搅得公司不得安宁，鲍伯只好用自己的车送他回家。按照公司规定，工人在工作时喝酒就要被开除，但是鲍伯还是原谅了卡特。三年后，地区性工会派人到鲍伯的工厂协商有关本地的合同时，提出了一些不切实际的要求。就在鲍伯无法应对之时，卡特带头号召同事反对。他努力奔走，并提醒所有的同事说："我们从鲍伯那里获得的待遇向来很公平，用不着他人告诉我们怎么做。"卡特带领其他工人把那些人打发走了。鲍伯的一场危机就这样化于无形之中。有这样的工人，鲍伯很幸运。但不可否认，他的幸运是用宽容赢得的。

宽容永远都是一片温暖的阳光，照亮的不仅有别人，还有自己。

生活在社会上，就需要懂得如何与他人沟通。理解是人际关系的核心，是否相互理解决定着沟通是否成功。因为个性的差异，人们思考问题的方法和角度也有所不同。所以，理解他人，就要站在他人的角度看问题。你理解他人，才会被他人理解，而相互理解才会营造出和谐的人际关系。

站在他人的角度看问题

马上就是圣诞节了，母亲领着五岁的儿子出门选购礼物。街上充满了节日的热烈气氛：商店门前闪烁的霓虹灯，路边舞台上活泼可爱的演出，

橱窗里琳琅满目的玩具……母亲很高兴，觉得儿子肯定非常喜欢这些漂亮事物，可没过多久，她就发现自己完全错了。她在弯腰给儿子系鞋带时发现：从这个小男孩的视角观察周围，刚才那个五光十色的世界仿佛遁形了一样，霓虹灯、舞台、橱窗对于孩子来说太高了，根本看不见；她能看到的只是行人不停移动的双脚和路边高高低低的台阶。这位年轻的母亲恍然大悟：原来在不同的角度看到的世界竟完全不同。从前，自己总是直接把头脑里的想法强加给儿子，而从没站在儿子的立场上考虑过问题。想到这儿，她抱起儿子，然后大步地继续向前走去。

不仅是一位好母亲需要站在孩子的立场上看问题，每个人都需要站在他人的角度看问题。只有换位思考、将心比心，才能够真正了解他人的所思所想。

因为人与人的生活状态存在差异，所以造成了人们思维方式、方法的不同。这种不同，就容易使人与人之间产生误解和隔膜。而我们最容易犯的错误就是太以自我为中心，只站在自己的立场上考虑问题。你喜欢吃冰淇淋，在钓鱼时，你能用冰淇淋做诱饵吗？不，你不能，你必须去寻找蚯蚓这种鱼喜欢吃的食物。

了解对方的处境，设想"如果自己处在对方的位置会怎么办"，那么就会对对方的做法给予更多的理解。这样，人与人之间的摩擦就会减少很多，有助于建立良好的人际关系。

理解他人，然后被他人理解

在一所大学，有五个来自不同地方的女生住在一间宿舍。宿舍的窗子经常敞开着，有一个女孩的桌子恰好放在窗前。接连几次下雨，桌上的书都被打湿了。女孩觉得室友故意在雨天开窗，摆明是捉弄她，越想越生气，与大家的关系也越来越僵。过了一段时间，女孩的心情渐渐平静了。她仔细想想，觉得其他人开窗是为了通风，偶尔忘了关上也很正常，大家能够住在一起是种缘分，自己实在不该为了这点小事破坏宿舍的气氛。想到这儿，她主动把自己的桌子挪到一边，然后把窗子打开了。室友们回来了，看到挪走的桌子后，又感动又羞愧。从此以后，宿舍里的空气一直很清新，而且再没有人离开时忘记关窗，桌子上的书自然也就没再被打湿过了。

能够理解他人的做法，多为他人的利益考虑，问题自然被轻松解决了。

大多数人都希望被他人理解，但是并不愿或者并不能主动地去理解他人。有句名言说得好："想被他人尊重就要先尊重他人。"理解也是一样，想被他人理解，就要先理解他人。人际交往是平等的、双向的过程，就像付出才有收获一样。因此，想被他人理解的话，先试着努力去理解他人吧！

合作在人际关系中不可或缺

如今，"竞争"已经成为我们生活的主题，但这个主题与"合作"并不冲突，反而是相辅相成的。相对于这个复杂多变的世界来说，一个人的力量很有限，甚至很渺小。有很多理想是无法靠某个人独自实现的，需要团队的合作。

取长补短，合作才能进步

一个人不可能独立地在社会中生活，绝对孤立的个体是不存在的，因为人生存所需要的物质资料和精神资料不可能完全自给自足，并且个人的体力、智力有限，必须在群体的活动和交往中才能实现其价值。同时，个人在生活中所遇到的困难、危机，也不可能全都凭借自己的力量去解决，必须得到他人或集体的协助。所以，人们必须相互合作、相互联系才能生存和发展。

丹麦天文学家第谷最大的优点就是观察力出色，但他很不擅长分析，即使掌握了现象也总是得出错误结论。为了弥补自己的不足，第谷邀请了一位新助手——德国天文学家开普勒。开普勒虽然没有第谷敏锐的观察力，却有很严密的逻辑思维，擅长理论推导。两个人恰好能够互补，工作起来自然顺利，他们最终携手取得了突破性成功——发现行星运动"三定律"。

世上没有绝对的完美，我们都或多或少地存在一些缺点。正如第谷和开普勒，他们任何一个人都不可能独立总结出"三定律"。所以，为了不让缺点阻碍我们的进步，最明智的办法就是彼此配合，取长补短。

合作要双赢而不是单赢

合作才能进步，但合作是需要以"双赢"为前提的。如果合作中的一方竭尽全力地使自己的利益最大化，甚至不惜损害对方的利益，那就失去了合作的基础，最终受到损害的人，不单是对方，还有自己。我们常说，人生犹如战场，但它毕竟不是战场。在战场上，你不消灭对方，就会被对方消灭，保全自己是出于生存的需要。如今，我们合作是要发展，是为了更好地实现自己的人生价值，为什么非得争个你死我活，两败俱伤呢？

面对着现代社会汹涌而来的竞争压力，人与人之间、人与团队之间已经逐渐形成了紧密共存的关系，因为大家都明白：尔虞我诈的游戏已经不再适用于当前，只会给自己带来更大的损失。当你将精力投入到与对手的争斗中时，就会无暇顾及自己的发展，从而止步不前；当你将对手击倒在地的时候，自己也会累得筋疲力尽，如果不小心发生了意外，你反而会得不偿失，落得个两败俱伤的结局。

在商场上，取得成功的人往往是让他人赚钱的人。这些人在商业利益上，讲求"有钱大家赚"，这次你赚，下次他赚，这回他多赚，下回你多赚。这样，人人都愿意和他们做生意，他们的生意怎么会不越来越好呢？所以在合作中，应该注重彼此关系的和谐，面对利益时与其独吞，不如共享。

总而言之，"双赢"是一种良性的竞争，更适合营造良好的人际关系，使自己走上成功之路。

学会选择和放弃，
幸运出现在取舍中

选择是一种理性的取舍，有所为有所不为才能集中精力达成目标。放弃并不代表逃避，而是一种理性的表现，因为放弃也是一种选择，是为了更好地选择。

人人都愿意选择幸运，但幸运不是枝头的果实，随手可摘。如果你也渴望幸运女神的光临，先要明白一个道理：幸运女神只会青睐那些主动选择她的人。为此，你需要做到：在事前尽量考虑周全，在选择时出手果断，在行动时全力以赴，一丝不苟。人的一生虽然很短暂，却充满了未知，需要我们一一判断，从而做出选择。只要你能够准确地分析利弊，选择一条最正确、最有效的道路，人生就会因此而一帆风顺。

人生即是选择

在现实生活中，我们总是会面临这样的选择：事业与家庭，爱情与金钱，得到与失去，高尚与卑微……今后的路能否顺利，关键就在于如何选择了。聪明的人总是能保持理智，清楚地认识到选择的重要性，准确而果断地做出判断，在竞争中抢占先机；糊涂的人总是会被现实左右，困在尴尬无奈的境地中无法自拔，在彷徨犹豫中浪费了时间，在竞争中一败涂地。

选择是人生的必修课

微软创始人比尔·盖茨曾经在一次访问中说过，他的成功经验只有两个字——选择，这两个字就是他事业成功最大的秘诀了。

走在通往成功的道路上，我们都要面临很多选择：首先，你要选择自己的定位，那将是你事业的起点；接下来，你要选择自己的目标，那将决定你的奋斗方向和成果；然后，你还要选择一个信念，它决定着你是否有走完全程的力量……在这段旅途中，将有无数未知的十字路口等着你去做出选择。因此，到底能够有什么样的收获，取决于你如何面对

这些选择。

通过一个又一个的选择，我们渐渐由青涩走向成熟，未来也变得更加明朗。每个选择都会影响过程的难易和结局的成败，越是在关键的时刻，就越要保持理智的头脑，果断地行动。因为选择是实现梦想必须经历的过程，只有准确地判断才能在追求成功的时候避免走上弯路，不至于迷失方向。

面对选择，我们不需要畏惧退缩，因为不只有一条路可以通向成功；面对选择，我们更应该遵从自己的内心，因为盲目跟随别人不一定会得到你想要的结果。学会如何选择，然后勇于选择，最终做出正确的选择，你的人生就会慢慢沿着成功的轨迹不断前进，直到登上理想的巅峰。

做及时有效的选择

美国钢铁大王安德鲁·卡内基在未发迹前曾担任过铁路公司的电报员。一个假日期间，轮到卡内基值班，电报机传来了一通紧急电报，原来在附近铁路上，有一列货车车头出轨。此时，铁路公司的上司必须马上照会各班列车改换轨道，以免发生追撞的意外事故。但当天是假日，卡内基找不到可以下达命令的上司。他想到用上司的名义发报，但是按公司规定，电报员冒用上级名义发报，唯一的处分是立即革职。此时，他必须马上做出选择：不发电报，保住职位；立即以上司的名义发电报，防止意外发生。在这万分紧急的时刻，卡内基果断地选择了后者。一场可能造成多人伤亡的意外事件被避免了。第二天一上班，卡内基就把写好的辞呈交给了上司。上司看过之后，不但没有批准，反而重重地奖励了他。从此之后，平凡的小电报员得到了更多人的关注，卡内基一步步走上了成功之路。

把握时机是做出有效选择的先决条件。面对同样一件事，如果你犹豫不决的时间长了，出发的时间也就晚了，只能眼睁睁地看着别人跑在前面，抢先一步夺走成功。每个选择背后可能都隐藏着一个机遇，但它并非一动不动地等在那里。虽然我们会经历无数的选择，可是一旦错过了最佳时机，就只能眼睁睁地看着机遇扬长而去。如果你习惯在十字路口犹豫一下，那么你的选择就不是最有力的，因为很可能它背后的机遇已经溜走，你只能永远眺望着成功的背影。

选择比努力更重要

在实现人生目标的过程中，努力是一种最可贵的精神，它能够让你保持最快的速度，帮你克服一个个困难。然而，努力追求成功的前提是选择正确的努力方向。李嘉诚曾说过："如果方向选错了，那么越努力失败得就越彻底。"如果出发的时候做出了错误的选择，途中再怎么拼命，结果还是一无所获。因此，比努力本身更重要的是你的选择。

盲目的努力只是白费力气

有一个年轻人经过多年努力，仍然一事无成，于是向一位智者请教原因。智者没有马上回答他的问题，而是叫自己的三个弟子带他一起到山中砍柴，并规定：谁带回来的柴最多，谁获胜。夕阳西下之时，几个人相继回来了。年轻人用肩膀扛着两捆柴，累得气喘吁吁；大弟子用扁担担着八捆柴回来了，后面还跟着一名空手的弟子；第三名弟子乘着木筏赶来了，木筏上有十捆柴。

　　看着摆在地上的柴火，智者让他们轮流将过程叙述一下。首先是那个年轻人："我一共砍了六捆柴，可是越背越沉，就在路上扔了两捆；又走了一段，发现四捆柴也太重了，于是只背了两捆回来。虽然不多，但我已经尽力了。"第二个轮到了大弟子："我和师弟商量了一下，每人砍了两捆柴，绑在扁担上轮流挑回来，倒是不累。在路上，我们看到这位先生丢掉的柴，就干脆一起挑回来了。"最后一个乘木筏回来的小弟子说道："我的力气最小，背不动多少柴，所以就多砍了几捆，走水路运回来了。"

听到这里，年轻人才恍然大悟。智者微微一笑："重要的可不只是努力，还有选择。这回你明白了吗？"

努力反映了你对待成功的积极态度，但你对前进方向的选择却决定着你的努力是否具有价值，这远比努力本身重要。如果你努力的方向不对，即使付出得再多，也都是些无用功。选择不仅可以改变眼前，甚至可以影响整个人生。记住：行动前多在选择上下些功夫，保证自己不是盲目付出，才能劳有所获。

改变选择胜过盲目执着

执着是一种坚韧的生活态度，是追求成功的坚定信念。但并不是所有的执着都会有好结果，一旦你执着过了头，很可能就会误入歧途，与成功渐行渐远。

美国著名企业钻石天地公司是从钻石开采行业起家的。在一次地质勘探过程中，由于工作人员的错误，计划失败，没有发现钻石，却无意中探测到了一个储量庞大的镍金属矿。这时，公司就面临一个重要的选择：是继续勘探钻石，还是充分利用眼前巨大的镍资源。选择后者就意味着公司的经营内容将由钻石开采彻底转入镍金属冶炼。最终，公司的管理层讨论决定选择后者，开采镍矿。很快，这个英明的选择就给他们带来了成功：公司的股票价格一路飞涨，公司的实力和规模已非昔日可比。虽然仍叫作"钻石天地"，公司却是在如火如荼地经营着镍币制造生意了。

世事总是多变的，形势也许在下一秒就会完全不同。这时，你需要冷静地思考一下，如果自己的初衷已经不能很好地适应形势，那就没有实现的价值和必要了，应该尽快转换思路，根据现实状况来重新做一次选择。既然原来的目标已经难以实现，执着不如放弃，果断地选择一条新的出路，你也许还会因祸得福。

适合的才是最好的

选择对于人生来讲非常重要。生活中，每个人都希望拥有最好的东西。但你想过没有，即使你选择了最好的，这个最好的也未必适合你。如果不适合，选择就失去了意义。唯有适合，才是选择中最关键的因素。

甲之熊掌，乙之砒霜

《伊索寓言》中有一则关于乡下老鼠和城市老鼠的故事：城市老鼠和乡下老鼠是好朋友。有一天，乡下老鼠邀请城市老鼠来乡下玩两天，呼吸一下新鲜的空气。城市老鼠来到乡下后，发现乡下老鼠的食物只有大麦和小麦。城市老鼠不屑地说："你过的日子也太清贫了吧！还是到我家去玩吧，我那里有各种各样的食物。"乡下老鼠于是就跟着城市老鼠来到城里，它发现城市老鼠的房子既豪华，又舒适，于是心生羡慕之情。它们聊了一会儿，就爬到餐桌上开始享受丰盛而美味的食物。突然，"砰"的一声，门开了，有人走了进来，它们吓得赶紧躲进墙角的洞里。乡下老鼠受此惊吓，没了食欲。它想了一会儿，戴起帽子，对城市老鼠说："乡下的生活虽然乏味，但还是比较适合我。这里虽然有豪华的房子和美味的食物，但每天都要被吓得半死，还不如回乡下吃麦子更自在。"说罢，乡下老鼠就离开了城市。

城市老鼠眷恋城市的繁华，于是在和人的周旋中危险地生存着；乡下老鼠守着谷仓，虽然物质不够丰富，但生活安稳。我们不能断言到底哪种生活方式更好，但城市老鼠喜欢的，乡下老鼠却视之如砒霜，反之亦然。

甲之熊掌，乙之砒霜。就选择而言，没有什么好与不好，只有是不是真正地适合自己。既然如此，我们何必去眼馋别人的生活，适合你的才是最好的！

不要让他人为你选择

选择是一项权利，人人都拥有。因此，不必让他人为你选择，他们选的不一定是你需要的。在生活中，有很多人"善于"听取他人的意见，并用这些意见左右自己的选择。比如，一个女孩子会说："我新交了一名男朋友，你们觉得他怎么样？"有的朋友说他不够帅，有的朋友说他不够稳重，还有的朋友说他没有经济基础。听了这些意见，女孩矛盾了，不知道何去何从。其实，解决问题的方法很简单，那就是首先明白是自己交男朋友，而不是他人。其次，想一想，男朋友是否适合自己。就像自己穿鞋子一样，是否合适，只有自己知道。

他人为你做选择时，往往从他们自己的角度看问题，认为什么才是好的，什么才是对的，可是这些好与对，对你而言，也许是坏与错。毕竟，每个人都是独一无二的个体，每个人都有不同的性格和思想，怎么能将他人的想法强加于你呢？

一个美国男孩在父母的关爱下茁壮成长，父母希望他长大后能成为一名医生。可是男孩读到高中就对计算机着了迷。最后，在父母的坚持下，男孩选择了学医。但是，他发现自己始终无法投入热情，于是不顾父母的反对，毅然退学。男孩后来创办了一家计算机公司，打出了自己的品牌。不久，公司就顺利地上市发行股票，23岁的他资产总值达1800万美元。10年后，他创造了毫不逊于比尔·盖茨的财富神话，资产总值达43亿美元。他就是美国戴尔公司总裁——迈克·戴尔。人生既然是一连串的选择过程，每一个人都应该选择一个适合自己的生活方式，而不能听从他人的选择。

当你过分依赖他人时，一定要清醒过来，因为他人未必知道你真正需要什么，你最适合什么。他人给你的，不一定是你最需要的。所有的人生路都要自己走，即使你的人生路是他人选择的，你自己也要来承担后果。那么，为什么不勇敢地为自己做出选择呢?

懂得放弃才能成就人生

人生处处都是选择，我们总是在为如何选择而苦恼不已。当你徘徊、犹豫、挣扎的时候，还不如果断地放手，奔向新的辉煌。古语有云："两弊相衡取其轻，两利相权取其重。"一旦你比较出了利弊轻重，就要果断地做出决定，因为有放弃才会有新生。

放弃是一种智慧

放弃是一门艺术，一则古老的箴言，还是一种自然、高洁的情感流露。当你面对复杂多变的人生时，只有懂得收放自如、适可而止，才可能保存自己有限的时间和精力，最大限度地获取成功。

在很多人眼中，1998年的诺贝尔物理学奖获得者崔琦就是个"怪人"。他不入仕途，不爱社交，整天不是埋头读书，就是泡在实验室里。更令人难以置信的是，他竟然对电脑一无所知，发封邮件都要秘书代劳。崔琦放弃了很多，可正是这种放弃，使他能够在科研工作上投入更多的时间和精力。他轻装上阵，最终取得了伟大的成就。人的一生并不长，精力也有限，不可能方方面面都顾及到，此时，放弃就成了一种大智慧。只要能达成自己的目标，放弃一些并不是必需的"精彩"，又有什么不可以呢？

贪婪是人性中普遍存在的弊病之一。在贪婪的作用下，人们哪怕知道会承受不安、压力和痛苦，也要死死地抓住利益不放。一旦达到了承受的极限，不懂得放弃的人，就只会两手空空。

放弃是一种豁达的心境。它能让人始终保持冷静和清醒，客观地处理问题，不盲目追求表面的利益，让人站在高处远眺未来，将一切尽收眼底。学会了适时放弃，面对选择时才会笑得更灿烂，才会活得更轻松。懂得放弃的人才是真正的智者！

有舍才有得

"舍得"源自佛教教义，讲的是一条人生箴言：凡事需有"舍"才能有"得"。生活就好比杯子，容量有限，一旦装满了水，要么倒掉，要么喝掉之后才能再装。这个看似简单的道理恰恰是为人处世的要义，易懂不易行。

有两个以砍柴为生的穷苦樵夫，一天他们在山上发现了两大包棉花，两人欣喜若狂，各背一包往家走去。走了一段路后，一个樵夫看到山路上丢着一大捆布，就提议扔下棉花背上布。可是同伴坚决不同意，认为自己已经背着棉花走这么远了，如果现在扔下，之前的辛苦就白费了。发现布的樵夫只得独自背着布往回走。走着走着，背布的樵夫又看到地上有几坛不知谁遗失的黄金，心想这下可发大财了，赶紧把布扔下，背起黄金。可是同伴不但不肯扔掉棉花，还怀疑黄金是假的。他们刚走到山下，天空就下起了瓢泼大雨。棉花吸足了雨水后变得十分沉重，樵夫背不动了，只好将其扔下，两手空空地和挑着金子的樵夫回家了。

　　生活中有万种诱惑，如果不懂得取舍，最后只会使自己一无所得，就像背着棉花不肯放弃的樵夫。而"舍"永远在"得"的前面。人一生中可能会面临许多选择的机会，但其中能改变人生的却不多。当机会来临时，这就看你如何取舍和把握了。

认清目标的价值，
目标左右生活

一位哲人说过这么一句话："伟大的目标塑造伟大的心灵，伟大的目标产生伟大的动力，伟大的目标造就伟大的人物。"的确，在人生规划中，目标很关键。如果没有目标就好比在黑夜里远航，容易迷失方向。

人要为目标而活着，哪怕是一天的目标，一个星期的目标。当然，最好能够树立阶段性的目标，直到一辈子的目标。有了目标的鼓舞，前进的步伐就会更坚定，更迅速。只要有了目标作为信念，就有了奋斗的力量，成功之日终将到来。一旦失去了奋斗的目标，就好比失去了前进的方向，心中一片茫然，所有的能量、斗志都会付诸东流。

无论你在何时何地，身处任何状况之中，都不要放弃心中的目标，因为它会带给你克服一切困难的力量。

目标铺就成功之路

成功人士与平庸之辈最根本的差别不在于天赋，也不在于机遇，而在于有无坚定而远大的人生目标。如果一个人没有明确的人生目标，他又哪儿来的前进动力呢？又凭什么在激烈的竞争中取得成功呢？正像西方有一句谚语所说的："如果你不知道你要到哪儿去，那通常你哪儿也去不了。"

目标蕴含神奇推力

美国名校哈佛即将送走一批毕业生——他们在头脑、能力和家庭背景等方面基本相同。为了解他们的人生目标，学校在毕业之前做了一次全面的问卷调查。调查结果显示，在这些学生中，目标不甚明确的占了60%，短期内有明确目标的占10%，而订立了长远人生目标的仅占3%，其余的27%则毫无目标。

在接下来的日子里，这些学生纷纷走向社会，开始了新的人生旅程，而哈佛大学的跟踪调查从未间断。经过了长达25年的研究总结，终于得出了这样的数据：3%有长远目标的人始终在为自己的理想而努力奋斗，25年后几乎都成为各自领域的先锋和精英，被称为成功人士；10%有短期目标的人进入社会后，总是能够不断地自我实现，自我提升，逐渐成长为行业的中坚力量，被称为专业人士；60%奋斗目标不太明确的人虽然没有取得突出的成绩，但事业还算稳定，生活水平大多处在中下层；其余27%的人则境遇堪忧，他们整日浑浑噩噩，事业和生活经常受挫，全都变得敏感脆弱，对他人、社会和人生充满了怨言，将自己的失败归咎于缺少成功的机会。

其实，这些人之间的差别仅仅在于25年前，他们中的一些人知道为什么要前进，而另一些人则不清楚或不很清楚。这就是目标的神奇力量。总有人将他人的成功归于幸运，可是你是否想过，如果你拥有一个目标，并为之努力，你也有幸运的一刻。目标就是有这种神奇的力量，为你带来机遇，助你走向成功。

目标缺乏导致失败

如今社会上的多数人都不明白这样一个道理：能够掌握未来的不是他人或是命运，而是自己。这些人的工作和生活从来不是为了实现一个长远的人生目标，而是随心所欲，完全不考虑自己应该为什么理想而努力。反观那些树立了明确目标，规划了明确方向的人，他们总是能够清醒地对待一切，因为他们明白自己该如何去做才能有所收获。古罗马哲学家塞涅卡有这样一句名言："有人活着没有任何目标，他们在世间行走，就像河中的一棵小草，他们不是行走，而是随波逐流。"就是在告诉世人：目标是前进的动力和指南针，它会引导你走向成功。没有目标的人是在虚度光阴，活得毫无意义。

目标是欲望的表达，"要什么"从来就比"怎样做"更为重要。在二战中，有人问丘吉尔他的目标是什么时，丘吉尔只用两个字来回答，而这两个字就是"胜利"。不计一切代价地取得胜利，不论路有多长、路有多艰险，也要取得胜利。最后，如目标设定的一样，他带领英国人民赢得了反法西斯战争的胜利。

不管是在工作还是生活中，目标的设定都是最基本的要求。要是没有目标，我们就永远不晓得自己该往何处去。没有目标的人生，就像一艘无人驾驶的小舟，只会漫无目的地漂荡。要是没有了生活目标，我们就会像行尸走肉一样，无法实现人生的真正价值。

目标要有意义

　　每个人都想达成自己设定的目标。向目标前进的第一步，就是检查自己的目标是否有意义。如果一个人的目标没有意义，他是不可能取得成功的。什么是有意义的目标呢？世界一流效率提升大师博恩·崔西说："成功最重要的是知道自己究竟想要什么。成功的首要因素是设定一个明确、具体而且可以衡量的目标。"所以说，有意义的目标既应该明确，也应该符合实际，尤其是符合自己的情况。

设定明确的目标

　　在拿破仑·希尔写的《思考与致富》中，有这样一句话："一个人做什么事情都要有一个明确的目标，有了明确的目标便会有奋斗的方向。"如果你仔细观察那些取得了成功的人，就会发现他们的成功经历中都有这样一个规律：在出发之前，给自己树立一个明确的目标。

　　树立目标并不难，但真正有效的是"明确"二字。如果你的目标模糊不清，很容易被环境动摇，那么实现起来就会困难重重，结果还是一无所获。一位记者曾问过美国财务顾问协会前总裁刘易斯·沃克这样一个问题："一个人无法成功的因素到底是什么？"对此，沃克的回答简短而有力："模糊不清的人生目标。"

　　这个原理不仅适用于人，连动物身上都有所体现。毛毛虫有一种特性——跟随，它们总是习惯于一个跟着一个地向前走，盲目不计后果。为此，法国心理学家约翰·法伯曾做过这样一个著名的实验。他将若干毛毛虫依次放在花盆的边缘上，让它们连成一圈，然后在距离花盆不远的地方洒上一些它们爱吃的松针。尽管有食物的诱惑，这些毛毛虫的表现仍然不出所料：它们一个跟着一个，不停地绕着花盆爬行，一小时、一天……整整七天七夜过去了，毛毛虫们始终一圈又一圈地爬，在极度饥饿的情况下耗尽了力气，直到死去为止。其实，松针就在不远处，而它们在七天中从未想过朝着食物前进，只是在原地毫无意义地兜圈子。这就好比那些没有明确目标的人，不肯动脑，只会随波逐流，到头来仍旧两手空空，重复地上演着毛毛虫的悲剧。

当你有了理想和追求时，每做一件事都是朝着成功迈进了一步。所以，为了让人生变得更有价值，你一定要确立一个属于自己的明确目标。

目标不要脱离现实

目标到底是什么，是美好的天堂还是奇妙的海市蜃楼？不，目标是你对未来的大胆构想和宏伟设计，但绝不能与现实脱节。因为目标的意义就在于：它可以实现，可以给你带来成功。

美国国务卿赖斯是个人人羡慕的"巾帼英雄"，但她曾经的梦想与政治无关，是成为钢琴家。这个梦想因一件事而发生了改变。在一次大学音乐节上，赖斯见到了一个11岁的钢琴天才：这个孩子能将只看过一遍的乐谱完整地演奏出来。而换作自己，这首曲子至少要练上一年才行。这种强烈的反差使赖斯突然明白了，弹钢琴并不是想象中那么容易，即使自己能够弹奏得很流畅，也永远不可能像一位真正的钢琴家那样拥有高超的技艺。经过仔细的思考，她分析了自身条件和竞争环境，最终决定重新选择一个奋斗的目标。这一次，她成功了，微笑着登上了美国最高的政治舞台。

有只笨鸟不识方向，每次飞行都落在后面，总是受其他鸟的嘲笑。它为了使自己不再受嘲笑而定下了一个目标，那就是提前起飞，一定要飞在最前面。这只笨鸟果然先于同伴起飞了，可它飞了一段路程就迷失了方向，于是落在一棵树上等同伴，但等了很久也没有等到同伴。笨鸟急了，想飞回去，可又找不到回去的路。显然，笨鸟先飞的经验在这只鸟身上并不适用，它明知道自己不识方向，还要设定飞在最前面的目标，这种脱离现实的目标最终伤害的只是自己。

目标一旦脱离了现实，就好比鱼离开了水，根本无法存活下去。因此，为了能够成功，你在确立目标前首先要考虑的因素就是现实。

不要为自己设限

在确立奋斗目标时，有些人过多地顾及现实，反而束手束脚，表现得缺乏信心，在限制了思想的同时也限制了自己的能力。选择一个现实的目标并没有错，但不要因此而畏缩，怀疑自己的能力。要知道，更高的目标更容易激发出你的潜能，这些潜能会让你成长为一个无坚不摧的巨人，走向更广阔的未来，取得更巨大的胜利。

认识你的潜能

也许你不知道自己究竟有多么强大，但你要相信：每个人内心都有一个沉睡的巨人，一旦将他唤醒，梦想就会很快变成现实。曾有过这样一个不可思议的心理学实验：将一个处于催眠状态的普通人架在两把椅子上，使他的大部分身体处于悬空状态，这时即使在悬空的身体上加上相当于他体重六七倍的压力，他也完全能承受得住。这个匪夷所思的实验结果告诉我们：人的潜能无限，一切皆有可能。

数学王子高斯曾将一道两千多年来无人能解的数学难题误认为是老师布置的一道普通的题目，花费了一夜的时间将它解答出来。当知道真相后，他说："如果事先告诉我那是一道搁置了两千多年的难题，我不可能那么快就解出来，甚至解不出来。"高斯将这道题视为一道普通的数学题，他会告诉自己，题目一定可以做出来，结果很快就有了答案。可见，高斯有解决这道题的能力。但如果事先他知道这是一道千年难题，他会告诉自己，题目有可能解不出来。而结果就是，他真的解不出来，或者不可能这么快地解出来。之所以会这样，是他在潜意识里为自己设限，于是抑制了潜能的发挥。

由于身体构造的关系，我们的生理潜能或许是有限的；但人不同于动物最大的原因就是会思想，我们头脑的潜能不可限量。不要认为自己天生笨拙，智慧不足，面对困难只有自暴自弃，这些不过是因为你还没有完全发挥出自己的潜能。世上没有天生的笨蛋，只有不努力的懒人。别以为自己毫无资本，头脑就是你最大的财富，只有不停地开发，不停地挖掘才能找到通往成功的窍门。

世上没有不可能

不管是在生活中还是在工作中，我们常常会听到这样的话："那根本就不可能！"很多时候，只是我们过低地评估了自己的能力，认为眼前的事自己无论如何也做不到。但实际上，世上没有不可能。用罗斯福总统夫人的话来说就是："我们必须去做自以为办不到的事。"

很多年以前，有人做过一个大胆的尝试，想在4分钟内跑完1英里。在之后的很多年里，不断有人为实现这个不可思议的想法而做出各种努力：让运动员喝老虎奶来强健体魄；放出凶猛饥饿的狮子来激发运动员的潜能……可结果都是失败的。所以，有些专家将失败的原因解释为人类生理结构的缺陷，认为这个速度超过了人的极限，将这个目标判定为

"绝不可能实现的"。尽管言之凿凿，偏偏有人不相信他们的结论。为了打破这个断言，一个执着的年轻人选择加倍付出努力和汗水，坚持刻苦练习。终于，在1954年这个名叫罗杰的小伙子创造了奇迹——他真的在4分钟内跑完了1英里。从此，越来越多的挑战者涌现出来，纪录也被一次又一次地刷新了。

这个故事告诉我们：世上没有"不可能"。在成功者眼中，"不可能"是用来超越的，这种超越必然会带来更大的成功。所以说，任何困难都不可怕，只要你有坚定的信念和足够的信心，敢于超越这些"不可能"，成功一定会随之降临。心有多大，舞台就有多大。只要你具备坚韧不拔的精神，能够一步一个脚印地走下去，天大的逆境也会被扭转。

制订可行的计划

如果说目标是一个人行动中的灯塔，那计划就是通往灯塔的路线。有了有意义的目标，还要有可以达到目标的计划。有些人在确立目标后，迫不及待地开始行动，结果往往因为考虑不周而无法成功；也有些人因为目标离现实较远，不知道从何下手，一直徘徊不前，最后也以失败告终。

计划是行动的路线

实现目标的奋斗过程很少能够一帆风顺。这就好比你想要到一条河的对岸去，从表面上看，河水流淌缓慢，并不凶险，但谁又知道这河里究竟多少礁石暗涌，到底哪里深哪里浅。所以，为了更快更安全地到达

目的地，就必须研究出一条最合适的行动路线，也就是为自己制订一个计划。有了这个计划，你的行动效率才会变得更高。

有一个推销员，想得到公司的销售奖励——海外旅游，这是他的目标。但是如果他还像从前一样工作，或者说工作积极了许多，很难想象他的业绩可以有突飞猛进的增长。但是，如果有计划就不一样了。他问自己："如何才能拿到这个奖励？"答案是必须一个月创造20万的销售额。于是他开始计算，一个月工作25天，平均一天需要完成8000元的业绩，平均一天要拜访10位顾客才会有这样的业绩。最后他得出结论，自己需要拜访250位顾客。那么，这250位顾客在哪里？自己是否已经将拜访的行程排在一个月的行程表当中了？这些顾客是否都可以成功推销？哪些顾客成功推销的可能性不大？还需要再发展多少潜在顾客？解决这些问题，制订一个详细的计划，这个推销员的目标实现的可能性就会非常大。

假如你做每件事之前都能精心计划自己的行动步骤，就会避免浪费精力，消除了很多暗藏的危机。因此，完善的计划可以加快目标的实现，只有按照计划好的路线前进，我们每一次的付出才会有相应的收获。

计划要具有可操作性

在制订计划时，一定要考虑到它的可操作性，也就是要务实，否则再完美的计划也不过是镜中花、水中月。一个庞大空泛的计划可以充分满足人们对成功的渴望心理，却会在执行时困难重重。计划只考虑了如何达到目的，却没计算其他因素的影响，不具备起码的可操作性，这只会给执行计划的人带来巨大的压力甚至打击，使其产生消极逃避的情绪。

为了考上理想的大学，一个毕业班的高中生为自己制订了以下课余复习计划：早晨五点到七点，背诵英语课文和元素周期表各一小时；七点半到校，做十道练习题；课间操时间，记十个英语单词；午休时间，做一套数学模拟试卷；下午自习时间，完成老师布置的作业；晚上七点半开始，用一小时复习全天功课；八点半到十点半，分别用一个小时完成一套物理习题和十道课外习题；十点半到十一点半，写日记或习作一篇；十一点半准备就寝，用半小时再记十个英语单词。

当我们看第一遍时，会觉得这个计划很详细，充分利用了时间，而且各科分布平均，说明制订计划的学生一定很用功。但事实上，这个计划并不能起到多大作用，因为它存在严重问题：执行计划的人每天只能休息五个小时，时间一长，就会因为睡眠不足而无法继续执行计划。

如果计划不具有可操作性，那计划又有什么意义呢？所以，制订计划前，你需要对自己的实际情况有很深刻的了解。否则，既无法制订出合理的计划，也不能保证制订出来的计划能够顺利执行。

心动还需要行动，
行动就是力量

明确目标和制订计划是成功的重要基础，可如果不付诸实践，它们将变得毫无意义，结果你仍旧是两手空空。在一次商务交流会上，一位成功的企业代表在正式发言之前，对全体与会者说："首先麻烦大家起立，或者低下头，看看自己座位旁边有没有东西。"听到这话，一些人马上站了起来，收起座椅仔细看着地面；还有一些人半信半疑，低下头来回扫视；剩下的人对此不屑一顾，反而挺直了身子。

不一会儿，下面就发出了惊呼：地上竟有从五美分到一百美元面值不等的钱！这时，那位代表微微一笑："我这么做就是想告诉各位——坐着不动的人永远没机会赚到钱。"

十个想法不如一个行动

行动就是力量，唯有行动才可以改变你的命运。一万个空洞的幻想还不如一个实际的行动。很多人都有创业的想法，并将其想象得非常完美。但是，他们晚上想出一千条路，早上起来却还是走原路，对现实毫无帮助。天上不会掉馅饼，没有行动，一切都是空谈。

别等天上掉馅饼

当你确定了人生目标后，你可知道光有目标是不够的？如果你真的想要实现自己的目标，那就要付诸行动！有些人终日沉湎于幻想之中，不付出任何努力，整天做着春秋大梦，认为幸运就像馅饼一样，会从天而降，落在自己的头上。这样的人不会得到幸运女神的青睐，也无法成功。因为这样的人根本不懂：成功的关键在于行动。没有行动，一切都是空谈。

在一所教堂里，人们总能遇到一个失魂落魄的中年人。他看上去生活困顿，经常来到上帝面前祈祷同样的内容：他很想中一次彩票。他的祈祷风雨无阻，从不间断，而且他每一次都带着无比虔诚的表情，眼里闪烁着渴望的光芒。眼看日子一天天过去，这个愿望却并没有实现。中年人的祈祷变得越来越急切，心情也越来越烦躁。终于有一天，他带着哭腔对上帝说："主啊！难道我还不够虔诚吗？为什么不让我中一次彩票呢？"突然，教堂上空出现了一束圣洁的光芒，随之响起了上帝庄严的声音："我早就听到了你的祷告，我也很想满足你，但你为什么不先去买张彩票？"这个故事生动地说明了行动的重要性。

如果将"实现目标"比作一次寻宝，你已经知道装着"成功"的箱子藏在哪里，而"计划"就是你绘制出的路线图，"行动"就是你按照地图迈出的每一步。如果你只想不做，只会一直停留在原地，眼睁睁地看着别人把成功抢到手。

勇敢地迈出第一步

能够成就伟大事业的人，头脑并不一定比我们发达，知识也不一定比我们丰富。因为他们成功的重要因素是"行动"，再好的目标和计划也要通过行动来实现价值。

有这样一个分公司：公司里的经理、科长都是硕士以上学历。但整个公司运作效率却出奇地低，多次没有抓住商机。总公司不解，于是花费大力气进行调查、分析，最后终于知道了原因所在。原来每次开会时，每个人都有自己的方案与计划，而每个人的提案都会被其他人挑出许多毛病来。一场会开下来，真正能够通过的提案寥寥无几。总公司根据这种情况，派了一位实干的中年男士出任分公司总经理。在之后的会议中，虽然有些提案受到诸多指责，但这位总经理只要认为它有可取之处，便立刻施行。时间一长，该公司的运作效率上升了不止10倍，而且也没有错过任何一个有发展可能的商业机会。虽然其间

也有一些错误的决定，但与成绩相比，这根本不值得一提。这位总经理在一次会议上向大家解释自己的做法："勇敢地迈出第一步，边做边想是我一贯的做法。虽然这样做可能会遇到一些挫折，但你不迈出第一步，就什么也没有。"

成功的机遇需要通过切实有效的行动才能抓住。无论你有多么美好的目标、多么缜密的计划，只要不行动起来，成功之门永远不会为你开启。勇敢地迈出第一步吧，用行动敲开成功的大门。

主动出击，马上行动

现实生活中，行动的快与慢，对取得成就的大小有重要影响。优柔寡断、拖延等恶习只会阻碍一个人的成功，出手迅速的人才能把握决定成败的关键时刻。就像俗话说的那样，"趁热打铁"，"趁阳光灿烂的时候晒干草"，要抓住有利的时机和条件迅速行动。

跨过优柔寡断的障碍

有些人已经制订了详细计划，综合考虑了各种情况，但他们依然前怕狼后怕虎，迟迟不敢行动，总是左右思量，导致脑子里的念头越来越多，对自己也越来越没有信心，最终精力耗尽。这样的人还没有行动，已经彻底失败。

在一个晴朗的午后，一个六岁的小男孩正在外面玩耍。在经过一棵大树时，刚好有个鸟窝掉在了地上，他突然发现，鸟窝里面竟然还有一只羽翼未丰的小麻雀。看着麻雀可爱的模样，小男孩很想把它带回家，可又怕爱干净的妈妈不允许。无奈之下，他决定先把麻雀放在门口，然后跑回屋里请求妈妈允许。过了一会儿，妈妈经不住他的劝说和央求，终于点头同意了。他高兴得很，一路飞奔到门口，却只看到了空空的鸟窝，旁边还卧着一只大黑猫，正得意地眯缝着眼睛。小男孩伤心极了，但他很快从中总结出了一个教训：如果你认为自己的想法没有错，就要马上行动，千万不能犹豫不决，否则只会失败。长大后，男孩在美国成立了自己的电脑公司，他就是著名的华裔企业家——王安博士。

优柔寡断是成功路上的绊脚石。如果你把浪费在犹豫不决上面的时间用于比别人早一步行动，哪怕是短短的几分钟也可能带来巨大的成功；相反，如果你不果断地做出选择，就只有对别人的成功羡慕不已的份儿了。

拿破仑·希尔曾经告诫过人们：不要站在原地等待万事俱备，因为你

不可能等来十全十美。如果你宁愿浪费时间等待而不去行动的话，你将会永远止步不前。

拖延是一种恶习

行动是成功人士赢得胜利的途径，可有些人虽然行动了却还是没取得什么成绩。他们失败的原因无非是两个字——拖延。本该今天完成的事情拖到明天去做，明天该做的事情就只能推到后天去了。如此拖延，人生就陷入了一个僵局，结局只有失败。

拖延的办法对于解决问题来说，不仅没有丝毫帮助，反而是大大的阻力。因为，拖延会使矛盾随着时间的流逝越积越深，将小问题扩大化、复杂化，与正确的解决方式背道而驰。

拖延是一种恶习，沾染上它的人会因为懒惰而渐渐丧失斗志，变得头脑迟钝，行动迟缓。他们的生活会随之形成"今日事，明日毕"的恶性循环，他们总是被时间远远地甩在后面，总是要面对一些无从下手的老问题。所以说，拖延是成功的大敌，如果你不想从此沉沦，就一定要与它保持距离。

我们总是以为时间还有很多，即使今天完不成，明天也会完成。殊不知，"明日复明日，明日何其多，我生待明日，万事成蹉跎"。而且，当手上积攒的事情越来越多时，整个人就会烦躁起来，没有耐心完成所有的事。所以，我们要么选择从头开始，那就意味着之前的目标和计划全都失效了；要么选择胡乱应付了事，而这种敷衍的态度不会让我们取得任何成功。

不同的人在争取成功的行动中，大体上会表现出三种不同的态度：第一种是随便试试，持这种态度的人不会真正在意成功，只是来碰碰运气；第二种是尽力去做，虽然比上一种积极，却是为失败提前准备了借口；最后一种是全力以赴，抱有这种想法的人远远少于前两种。可事实告诉我们，成功只属于最后一类人，他们才是奇迹的创造者。

全力以赴创造奇迹

在生活中，有许多人在失败或者办事不利的时候，找的最多的借口就是"我尽力了"，因此就原谅了自己。结果呢？失败也成为我们的"常客"了！要想达到目标、取得成功，尽力而为远远不够，我们需要的是全力以赴。

科林·卢瑟·鲍威尔是美国第一任黑人国务卿。在踏入政坛之前，他只是个没有豪门背景的普通人，家境贫寒，为了赚钱而从事过各种体力劳动。一年夏天，他在一家汽水生产厂当上了勤杂工，负责洗瓶子和打扫卫生。一次，工人在搬运过程中失手打碎很多瓶子，汽水和玻璃片几乎覆盖了车间的地面。为了节约人工，老板没有让打碎瓶子的工人收拾残局，而是命令手脚麻利的鲍威尔立即把车间打扫干净。听到这话，鲍威尔越想越气，感觉非常恼火。等他渐渐冷静下来后，想到自己是名勤杂工人，打扫一下车间就是本职工作，又没什么损失，所以他仍然像从前一样全力以赴，迅速将垃圾清理得一点儿不剩。过了没几天，老板就派人找到了他，正式通知他接任瓶装部主管之职。后来，还在读大学的鲍威尔加入了后备军官的队伍，毕业后升任中尉；1989年，他被老乔治·布什总统任命为参谋长联席会议主席，晋为四星上将，并且指挥了海湾战争；到了2000年，小乔治·布什总统入主白宫后，鲍威尔出任国务卿，翻开了美国政治的新篇章。无论处在何种地位，鲍威尔一直全力以赴地工作着。在五角大楼上班时，这位四星上将往往是最早出现又是最迟下班的。

一个出身寒微的黑人当上了美国国务卿，这就是全力以赴的神奇所在。

应付了事贻害无穷

几乎在每一家公司都会有这种员工：每天都是早出晚归，按时打卡上下班；在办公室里总会显得忙忙碌碌，却很少能按时完成任务。这些人的问题就出在他们对待工作的态度上：从来不肯竭尽全力，总是应付了事。他们的精力并非集中在眼前的工作上，而是在专心思考如何应付接下来的工作上。这样的人怎么可能取得成功？

习惯于应付了事的人每一天都过得很单调，毫无新意。他们的生命只是在不停消耗，却没有任何收获，白白地浪费了一个又一个365天，直到过完自己的最后一天。

应付了事的态度就好比潜藏在我们身边的一座活火山。你多应付了一件事，它就会多积聚一份能量，多一分的危险；如果你习惯于应付每一件事，它就会出其不意地爆发，彻底摧毁你的一切：腐蚀你的理想和斗志，让你的全部积累付诸东流，让你的未来希望渺茫。从此，你会变得无视他人，无视工作，甚至无视人生，后果的严重程度可想而知。

抓住机遇，
幸运就隐藏在其中

机遇是开启成功大门的钥匙，无数人想把它抓在手中，可真正如愿的并不多。总有人抱怨运气不好，抱怨机遇稀缺，这是因为他们缺少一种能力——积极观察的能力，他们不会从简单的日常生活中发现机遇。其实，机遇始终都在我们身边来去匆匆，成功者会主动出击，在机会离自己最近的一刻将它牢牢抓住；而失败的人只会站在原地左顾右盼，就好像守株待兔，不知他们何年何月才能抓住比兔子还要敏捷的机遇。

为了取得成功，我们都需要寻找机遇。如果你能够抢在别人前面发现它、抓住它，成功很可能就属于你了。

机遇是什么

机遇到底该如何定义？简单来说，机遇就是能让人的处境由劣势变为优势的一种转折，可以带给人最适合的成长土壤和空间。机遇对待每个人都很公平，因为它一直在我们周围。然而，机遇总是如流星般稍纵即逝，将它彻底锁定可不是仅凭运气，更要靠实力。

生活中处处有机遇

很久以前，南非的凯姆伯雷土壤贫瘠，不适合发展农业。当地曾有一位生活贫苦的农民，他常年在一块满是石头的土地上耕作，收获始终寥寥无几。他的儿子总能从这块地里捡到像卵石一样的"土块"，用来驱赶那些离群的羊。几年之后，农民为了能多赚些钱，举家迁移到了一处更肥沃的土地上。又是很多年过去了，人们在那块满是石头的土地下面发现了巨大的金矿。原来，曾经被农民儿子用来赶羊的"土块"，竟然是价值不菲的金子！如今，凯姆伯雷已经成为世界上最富裕的地区之一。

很多人都在抱怨自己运气不好，埋怨生活中一直不出现可以改变命运的机遇。其实，生活中处处都有机遇，我们每个人的脚下都埋藏

着一座金矿。拿破仑·希尔指出："机遇就在你的脚下，你脚下的岗位就是机遇出现的基地。在这萌发机遇的土壤里，每一个青年都有成才的机会。当然，机遇之路即使有千万条，但在你脚下的岗位却是必由之路、最佳之路。"

处处留心皆机遇，但机遇往往来得很突然或者很偶然，所以要做生活中的"有心人"。只有这样，才有可能在机遇来临的一瞬间捕捉到它。

机遇偏爱有准备的人

机遇是成功女神向世人伸出的"橄榄枝"。一旦你接住了它，就仿佛获得了扭转乾坤的力量，能轻易解决眼前的问题，发现脱困的捷径。当你"守得云开见月明"时，成功已然悄悄降临，名誉和财富随之滚滚而来。由此可见，机遇是天大的好事，是无数人追逐的对象。然而，真正能够发现它、运用它的人并不多见，大部分人都是无功而返，原因就是他们不懂得一个规律：机遇偏爱有准备的人。

伟大学者笛卡尔的突出贡献——创立解析几何，是他在卧床养病的时候，无意中受到了蜘蛛网的启发，并逐步深入思考之后取得的成果。伽利略发明钟表的契机竟然是一盏吊灯，因为他从吊灯被风吹着摆动的过程中发现了摆动频率的稳定性。如果你认为他们的成功是运气好，那就大错特错了：科学家们制胜的关键是不断探索、求知的精神。其他人肯定也见过蜘蛛网和摇摆的吊灯，为什么他们不能因此而琢磨出一些东西呢？因为，他们没有这方面的准备。有一句格言说得好："幸运之神会光顾世界上的每一个人。但如果她发现这个人并没有准备好要迎接她时，她就会从大门里走进来，然后从窗子里飞出去。"

有些人始终碌碌无为的原因就在于：他们把时间都花在了幻想上，盼望着机遇能够从天而降。但事实恰恰相反，机遇不会平白无故地落到某个人身上。我们需要把精力用于努力奋斗，练就敏锐的观察力和强大的自信心，不停地朝着目标前进，一旦时机成熟，机遇自然会来敲门。

抓住了机遇就是创造了好运

对"机遇"稍有了解的人都懂得这样一个道理：机不可失，时不再来。世界著名成功学大师卡耐基曾说："从某种意义来讲，机遇就是一笔巨大的财富。"如果你抓住了机遇，就能够一飞冲天，顺利地赢得鲜花与掌声；如果你错过了机遇，就是失去了一次拥抱成功的机会，再也无法挽回。

用敏锐的眼光捕捉机遇

一个年轻人乘火车去外地。火车在荒凉的山野中穿行，乘客们兴味索然地望着窗外。到了一个拐弯处，火车速度减慢，一所简陋的平房渐渐闯入他们的视野。这时，几乎所有乘客都同时睁大了眼睛"欣赏"起寂寞旅途中这唯一的风景。年轻人顿时萌生了一个想法。返回时，他中途下了车，找到了那座房子的主人。主人说，每天都有火车从门前经过，他忍受不了噪声，想低价出售房子，可是很多年了，一直无人问津。年轻人于是用3万元买下了这座平房，他认为这座房子处于拐弯处，火车从这里经过时会减速，旅途疲乏的乘客一定会注意到这座房子，在这儿做广告最合适不过了。于是，年轻人开始联系大公司，推荐房屋正面这面"广告墙"。后来，这面广告墙被可口可乐公司看中，租用3年，年轻人得到了18万元的租金。

如上面事例所讲，机遇并非总以"高大、威猛"的形象出现，它有时就隐藏在琐碎小事里。这时候，就需要我们用敏锐的眼光发现机遇，别让机遇与我们擦肩而过。机遇是公平的，它对每个人都一视同仁。但是人们对它的态度不一，于是造就了不同的人生。有人对机遇视而不见，生活在碌碌无为中；有人以敏锐的眼光捕捉到了机遇，走上了成功之路。

没有人给你机会，自己可以创造机会！

迅速出击抓住机遇

人生中的机遇总是稍纵即逝，所以，机遇一旦出现，你不要迟疑观望，不要消极等待，而要当机立断，抓住不放。机不可失，时不再来，一旦失去，便再也无法挽回了。大哲学家培根说过："机会先把前额的头发给你捉而你不捉以后，就要把秃头给你捉了；或者至少它先把瓶子的把儿给你拿，如果你不拿，它就要把瓶子滚圆的身子给你，而那是很难捉住的。在开端起始时善于抓住时机，再没有比这更大智慧的了。"所以，当机遇到来的时候，必须毫不犹豫地迅速捕捉。

绝大多数富翁都是从普通人开始逐步成长起来的，他们的事业总是能像滚雪球一样，越做越大。李嘉诚先生有一句话恰好揭示了这个现象的原因："每一次新商机的到来，都会造就一批富翁。"机遇的一大特点就是"新"，越是新鲜的事物，往往越容易暗藏机遇。聪明人总是能走在时代的最前沿：当他们开始采取行动的时候，别人都不理解他们到底在做什么；当别人渐渐理解他们在做什么的时候，他们已经成功了。正是因为他们敢于率先尝试，才更有可能第一个抓住机遇。这种胆量和魄力并不是人人都有的，这也就是为什么世上富人的比例不过万分之一。

每个人都曾与机遇擦肩而过，但只有聪明人才会在电光石火之间将它拦住。著名的奥地利作家茨威格说过："伟大的事业降临到渺小人物的身上，仅仅是短暂的瞬间。谁错过了这一个瞬间，它绝不会再恩赐第二遍。"如果你与它失之交臂，就只能羡慕地看着别人成功，而自己剩下满心的遗憾了。

化无为有　创造机遇

我们知道，机遇到来与否，并不容易觉察得到，而且机遇也不是每分钟每秒钟都有。如果机遇迟迟未到，我们也不必苦苦等待。萧伯纳说："人们总是把自己的处境归咎于机会不好。我不相信机会，在这个世界上取得成功的人，是那些努力去寻找成功机会的人，如果找不到机会，他们就自己创造机会。"

创造机遇需要付出

很多人喜欢探究英雄的成功秘诀，古代军事家亚历山大大帝的秘诀就是四个字——创造机遇。

一次，亚历山大刚刚率众取得了一场战斗的胜利，有个臣子问他何时去进攻下一个目标，是不是要等到时机成熟。听到这话，亚历山大不禁震怒："等待时机？难道你不知道吗？机遇可都是要靠我们自己去创造的！"

在短短十三年中，年轻的亚历山大就将马其顿变成了一个无比强大的霸主，统治了整个希腊，占领了埃及，征服了波斯帝国，并将军队带到了印度河流域。而在这辉煌的背后，他的付出远非常人可比。有付出才会有收获，这是一个人人都懂得的道理。机遇从来不会主动光临，机遇的多少完全取决于你付出了多少努力，努力得越多，你成功的概率也就越大；反之，一动不动地等待，你成功的梦想就会变得遥不可及。

一个精明的老板从来不会轻易地提拔员工，因为他需要看到这个员工努力付出的样子。所以，如果你希望在职场中如鱼得水，就千万别吝惜付出，付出得越多，你的优势也会表现得越完美。机会不是等来的，而是用汗水换来的，这是一条成功的定理，需要我们时刻谨记。

创造机遇实现幸运人生

如果你苦于没有条件，那么就该去努力创造条件，机遇也是如此。

街角的一家小理发店里，有个年轻的擦鞋匠名叫查理。在给来理发的人擦皮鞋时，查理总是会听到一些黑人顾客抱怨自己的卷发。理发师见得多了，也就不太在意，可查理觉得这是个机会。每当有顾客时，他就习惯性地询问对方的职业。终于有一天，他认识了一位化学家，了解到化学试剂也许会对把卷发变直起到些作用。于是，他请化学家帮他配制了一小瓶药水，果真起到了神奇的作用。机会来了！查理的想法打动了那位化学家，两人开始合作生产这种直发液，并给它取名为"华发"，意思是像中国人的头发一样顺直。这种药水在理发店大受欢迎，而查理也因此从穷擦鞋匠变成了一位专营"华发剂"的大老板。

可以说，化学家的出现是查理成功的一个机遇。但是，如果查理不是每天询问客人，恐怕来十个化学家，他还是在擦皮鞋。也许有人会说查理幸运，一个化学家竟然将一个擦鞋匠的话放在心上。可是，凭借查理锲而不舍的精神，不是这位化学家，也会是下一位。

没有人能预言机遇会在何时降临。如果你想改变命运，坐等绝不是个好的选择。面对机遇，弱者选择等待，强者选择出手，而真正的智者会选择自己创造。只有亲手创造出机会，才能让你完全掌握自己的命运，早日取得成功。

厄运中也能产生机遇

一个人的成功需要机遇，机遇常常影响着我们的未来。所以，人们往往把机遇看成是正面的东西，无法将厄运与机遇联系在一起。其实，对有毅力、有勇气、有信心的人来说，厄运也是一种机遇。一个人面对厄运时不颓废、不低头，而是思考对策，充分利用与厄运相伴而来的特定条件，化阻力为动力，勇往直前，最终也会到达成功的彼岸。

危机就是转机

提到机遇，人们总会想到美好的未来，充满了向往；可提到危机，人们总是心存恐惧，恨不能离得越远越好。然而，世事多变，没有绝对的机遇，也就没有绝对的危机。事实证明：在通往成功的道路上，从来少不了危机的身影。这些危机可能来自于你的内心，也可能来自于你当下的境遇，但它们并非一成不变。在某些情况下，"危机"可能就是你的"转机"，正如古人所说："塞翁失马，焉知非福？"只要没到最后一刻，就不要轻易给"危机"下结论，把精力用在思考补救的办法上，它就一定会被你的信心和勇气化解。

也许你会羡慕一帆风顺的人生，但那未必就是好事。有人曾针对世界500强企业做过这样一个调查：每过10年，榜单上就会有1/3的企业遭到淘汰。它们走向衰落的直接原因有很多，或许是行业不景气，或许是金融动荡，但根本原因只有一个：盲目乐观，不思进取。它们在实力雄厚时，被成功冲昏头脑，不再用心开发新产品、改善管理制度，忽视了潜在的危机，断送了未来。

机遇从来不是一张美丽的笑脸，它常常隐藏在重重危机的后面。如果你还没行动就已经被危机吓得手足无措，那么危机就会让你尝尽苦头；如果你足够胆大心细，就一定能拨开云雾见青天，哪怕是再凶险的逆境，也会被你成功扭转。

在逆境中找到幸运之门

1929年，美国经济大衰退，全国的失业者和穷困者达4000万。普通工人达罗也没有幸免，成了失业者。他虽然失业了，却没有丧失信心，而是决心在困境中寻找出路。他想：这场经济衰退既然是全国性的，那么像自己一样因失业而生活困窘的人一定不在少数。自己现在最想干什么呢？当然是摆脱困境，发财致富。自己想这样，别人也一定这样想。经过深思熟虑，他发明了很有特色的大富翁游戏卡。有了这种卡的人，不论身处何地，即便不名一钱，也能感觉自己生活得像富人一样，可以尽情体验消费的快乐，输了也无关紧要，游戏还能重来。这种游戏有望梅止渴的效果，带给了穷人极大的精神安慰，同时也满足了人们特定时期的心理需求。1935年，游戏卡销量已达80万。经济衰退期过后，人们依然对它十分痴迷，有近1亿副大富翁游戏卡被销往世界各国，全世界玩过它的人可达数亿。

达罗在逆境中并没有自暴自弃，而是观察世事，思考出路，最终发现了成功的机遇，在逆境中找到了幸运之门。

李嘉诚自幼丧父，家境贫寒，15岁就辍学了，但数十年后，却成为一个坐拥财富帝国的大人物。他曾经说过这样一句话："一个人只有面对和忍受逆境的痛苦，个人成功的机遇才能表现出来。"同样身处逆境，既然他能够创造奇迹，那么你也千万不要退缩，用心寻找，总能叩开一扇属于自己的幸运之门。

拥有开阔的思路，
思路决定出路

中国创造学会副会长秦骏伦曾说过："任何成功最初就是一个思路，任何失败最初也是一个思路。思路决定出路，观念决定行动，可怕的落后就是我们观念的落后。"在生活中，总有企业发展壮大，也有企业倒闭破产。但是，没有滞销的产品，只有滞销的人；没有疲软的市场，只有疲软的心。这就说明了在处理问题中思路的重要性。人生无绝境，只要你换一种思维方式，总会在困境中找到出口。

思路决定出路。要想成功，你需要改变陈旧的观念，走出狭隘的自我，积极探寻其他途径。换一种思路，就能找到一条新的道路，实现自己的目标，到达全新的境界。

思路有多远，就能走多远

一个人的思路有多远，就能走多远。思路开阔，需要一个人具有长远的目光。只有目光长远，才能制订出长期的战略。如果只专注于眼前，做到什么样子就是什么样子，很难有大的发展。目光长远，看得远，想得远，路也就会开阔起来；如果目光短浅，看得近，想得少，成功的道路也就变得狭窄起来。

目光短浅，行之不远

在风云变幻的现实社会中，目光短浅的人只关注眼前的得失，小心谨慎地换取一时的稳定，却忘了计划更好的未来；目光长远的人却从不会被蝇头小利打动，始终坚持执行自己的长期计划，最终取得更大的成功。

"螳螂捕蝉，黄雀在后"的典故就是对目光短浅的批评。故事发生在春秋时期，吴王贪功，下令起兵伐荆，遭到了群臣反对。吴王震怒，欲杀掉那些出言阻拦自己的人，一听此话，殿内顿时变得鸦雀无声。而吴王宫中有个聪明的少年，他想到了一个不会让吴王生气的劝谏方法。每天早晨，这个少年都会带着弹弓去后花园，到了第三天，他终于"偶遇"了吴王。吴王见他的衣服被打湿了，很好奇，就问他在做什么。少

年马上躬身回禀道："在前面的树上，有一只蝉落在那里吸露水，却没发现它身后正准备捕食的螳螂；螳螂只顾着眼前的食物，却不知道它已经被一只黄雀盯上了；黄雀一心想吃掉螳螂，却没发现我早就站在树下用弹弓瞄准了它。蝉、螳螂和黄雀都不精明，以为自己可以饱餐一顿，被眼前的利益冲昏了头，都没有注意到自己身后更大的危险。"听完这番话，吴王仿佛从梦中惊醒，沉吟许久，最后决定撤销出兵的命令。

安于现状的人总是把目光锁定在自己面前的一小片领地上，只要得到一点儿甜头，就会沾沾自喜。他们从不抬起头来眺望一下更广阔的天地，也就不知道什么才是真正的成功。

目光长远，才能走得更远

三个小伙子结伴外出，寻求发财机会。在一个偏僻的小镇，他们发现了一种优质苹果，这种优质苹果在当地的售价非常便宜。第一个小伙子立刻倾其所有，购买了十吨最好的苹果，运回家乡，以比原价高两倍的价格出售。他就这样往返数次后，成了家乡第一名万元户。第二个小伙子购买了一百棵最好的苹果树苗，运回家乡，承包了一片山坡，把苹果树苗栽上，精心呵护。第三个小伙子找到果园的主人，买了一把苹果树下的泥土。他带着这把泥土返回家乡，请专家化验，分析出泥土的成分、湿度等。然后，他承包了一片荒山，用了整整三年的时间，开垦、培育出与那把泥土一样的土壤。最后，他在上面栽种上苹果树苗。

十年过去了，三个人的命运迥然不同。

第一个小伙子仍然在做苹果的转销生意，购进、售出，可利润却在逐年下降，有时甚至还会变成负数；第二个小伙子的树苗早已开花结果，但果园的土质影响了果实的口感，每年出产的苹果都不是上品，好在销路还算不错；最后一个小伙子也是最晚卖苹果的人，他对土壤进行分析和改造后，这片荒山出产的苹果口感出众，总能卖上好价钱，名声很快传遍了十里八乡。

这三个人是从同一个起点出发的，却分别选择不同的道路，而谁的选择更成功就要交由时间来证明了。十年过去后，成败已见分晓：只有将目光放长远的人，才能在成功之路上走得比别人长远。

别让经验拴死你

有些人总喜欢把老习惯、旧经验挂在嘴边，无论遇到什么样的问题，解决方法总是一成不变。要知道社会的发展如此迅速，"以不变应万变"的时代早该结束了，我们应该开始走上"与时俱进"的道路。如果你习惯一味地跟在别人后面走，结果也就只能捡一些"残羹剩饭"，永远见不到成功的真容。

可怕的思维定式

大量的现实证明了一个道理：思路决定出路。面对问题时，清晰开阔的思路能让你迅速找出它的薄弱环节，一击成功；与之相反，保守陈旧的思路只会让你束手束脚，一事无成。

根据心理学研究，人经历某件事后，会在头脑中留下印象，当类似的事件再次发生时，大脑很容易根据过去的认识和经验推导出相关的结

论，这样就形成了思维定式。思维定式会使人的思维失去灵活性，如不能突破，天才也难免会有遗憾。著名的心算家阿伯特·卡米洛从未算错过。一次，他又去做表演，有人给他出了这样一道题目："一辆火车载着283名旅客驶进站台，其中87人下车，65人上车；下一站49人下车，112人上车；再下一站37人下车，96人上车；又下站74人下车，69人上车；再下站17人下车，23人上车……"还没等那人提问，心算大师就轻蔑地说："这还用算吗？火车上还有——""你错了，"那人打断他说，"我是想问您火车总共停了多少次。"阿伯特·卡米洛愣住了。

赫赫有名的心算大师竟在这么简单的加法上栽了跟头。问题症结恰恰就是他的"经验"，经验蒙蔽了他的双眼，甚至让他无法看清简单的事实。

其实，世界上哪有包治百病的药，更没有能打开所有锁的钥匙。企图用同一种方法来对付所有的问题，这种想法是愚蠢的。面对新的情况，我们应该因地制宜、因时而变，切不可因为思维定式而使自己失去了发展的机会。

留意你的奇思妙想

费涅克是一名美国商人。在一次休假旅游中，小瀑布的水声激发了他的灵感。他带上立体录音机，专门去一些风景优美，但人烟稀少的地方。在这些地方，他录下了小溪、小瀑布、小河的声音以及鸟鸣虫唱等声音，然后回到城里，将录音带复制后高价出售。令费涅克想不到的是，他的生意竟然十分兴隆，大自然的声音吸引了众多的顾客，买"水声"的顾客尤其多。城市里的许多居民饱受各种噪声干扰之苦，却又无法摆脱。而费涅克所卖的各种大自然的声音，能把人带入轻松舒畅的美妙境界，使那些久居闹市、无法旅行的人暂时忘却尘世的烦恼，还可以使许多失眠者在美妙声音的陪伴下安然进入梦乡。

你不得不承认一个事实，很多时候，一个创意、一个点子就能让人变得富有。那些在其他人看来属于奇思妙想，甚至属于异想天开的创意，只要你坚持去做，就会获得丰厚的回报。在任何时候，你的奇思妙想都是一笔宝藏，只要你努力，它就可以为你带来现实中的财富。

有的人善于捕捉奇思妙想并迅速付诸实践，因此创造了奇迹；有的人也曾有过抓住奇思妙想成就事业的想法，可惜缺乏起码的自信，以致功夫未下心先"凉"。所以，当你的脑子里冒出了好点子的时候，请抓住并努力去实现它，如果有丝毫的犹豫或懈怠，都可能使之一去不返，导致本来可能打开的成功大门从此紧闭。

把复杂的事简单化

很多人认为，把问题考虑得越详细、越透彻就越容易解决，其实不然。复杂的不一定是最好的，如果你把本来简单的事情想得很复杂，反而会越忙越乱，费时费力，结果还不见得满意；但如果把复杂的事情简单化，再浓的迷雾也会迅速散开，行动方向马上清晰明朗，效率自然也就不必说了。

不要将事情复杂化

对于同一件事，有的人能在很短的时间内，用最简单的方法完成；有的人则借助各种工具，用了很长的时间还没能找出答案。为什么呢？原因就是两者的思维方式不同，前者在面对一件事情的时候，喜欢将其简单化；后者在面对事情的时候，喜欢将其复杂化。

有这样一个故事：一天，爱迪生需要知道一个梨形灯泡的容积，于是让助手去测量。助手拿过灯泡后，马上开始工作。他先拿出标尺进行测量，然后又运用复杂的数学公式进行计算，折腾了好几个小时，还是没有得出答案。爱迪生知道后，拿起灯泡，往里面倒满水，递给助手说："你把灯泡里的水倒入量杯，读量杯的刻度就会得出我需要的答案。"

　　如果你想实现目标、解决问题或者走出困境，在行动前首先要思考："什么方法才能更快、更直接地帮助我达到目的？"只要能整理出一个清晰的思路，行动起来自然会事半功倍。如果你不重视方法，忽略了问题的本质，结果不仅事情办不成，反而会变得手忙脚乱。所以，你要将思路放开，寻找一个最简便易行的方法，而这个方法最大的作用是避免杂乱无章的现象干扰你的视线，让问题的核心直接暴露出来，这样事情解决起来就会省时省力。

用"因式分解"来解决问题

　　面对一个复杂的问题，我们很难一下子考虑全问题的所有方面和全部细节。这时，我们通常可以把一个大问题分成若干个小问题，每个小问题再分解成若干个更小的问题。经过多次逐层分解，每个最底层的问题都足够简单，容易解决，于是复杂的问题也就迎刃而解了。

　　在英格兰的一个小镇上，有一座历史悠久的教堂。牧师把镇上的人们召集过来，说："教堂的建筑太旧了，我们需要把它翻修一下。"当人们得知需要700万美元的维修费用时，都表示这是一个天文数字，他们不可能筹到这么多钱。牧师说："把700万分解成70000个100，那么每个人只需捐100美元就足够了。"每人只捐100美元，这是一个让人不那么担心的数字。很快，700万美元就筹到了，教堂及时得到了翻修。

　　当你面对一个看起来很棘手的事情，觉得无法解决时，尝试一下把它分解开来。很多看似无处下手的问题都是由若干个细小的问题组成的，分解开来，一切都不再那么神秘。

不把简单的问题复杂化，最基本的就是做到分解问题：把大问题分解成许多小问题，再把小问题分解成更细小的问题，然后各个击破。最后你会发现，之前的问题根本不是问题，成功离你如此之近。

处事变通方能赢得成功

关于变通的重要性，《孙子兵法》中说："善出奇者，无穷如天地，不竭如江河。""善出奇"就需要改变，需要创新，需要用逆向思维解决问题。变通并不是放弃，而是换一种角度去思考问题。生活中需要有变通，处事变通方能赢得成功！

创新产生奇迹

在一次名人访谈中，有位记者问李嘉诚，为什么他奋斗了几十年后资产仍不如比尔·盖茨仅仅几年内积累的多。这是个尖锐的问题，但李嘉诚回答得很坦率，他认为微软最成功的地方就在于团队强大的创新能力。在这个信息高速流通的年代里，要用创新思维来增强产品的竞争力，只有具备创新精神的人才能做到这一点。

在比尔·盖茨的用人标准中，优秀的员工要同时具备高超的专业技能、稳定的心理素质和勇于创新的精神，而最后一项也是最重要的，是考察的核心。2002年，微软公司聘请了两位特殊的顾问——两个未成年人，顿时引起了无数人的关注。随后，微软宣布这两位小顾问将加入公司目前最重要的"下一代知识工人"项目组，再次引起了轩然大波，人们纷纷猜测微软的用意。有好奇心强的人稍微打探了一下两位小顾问的底细：这两个少年都是计算机天才，头脑和灵气都很出众，因为年龄小的关系几乎没有什么功利心。而微软正是看中了他们年轻有活力和充满创造力的思维，相信他们一定能给项目研究带来无限生机。

对企业而言，尤其是高科技领域的公司，用人的时候看重的并不是年龄、阅历，而是开拓创新能力。越来越多的企业管理者都意识到，员工的主动创新意识才是企业发展迫切需要的素质。随着信息时代的飞速前进，科技更新换代的速度越来越快，产品的适应周期也越来越短。因此，创新力几乎成了实力的代名词，只有不断推陈出新才能在市场竞争中站稳脚跟。

在这种形势下，具有创新能力的人才变得很抢手。如果你具有创新精神，就不用担心英雄无用武之地了。

逆反求胜，开创新天地

在很多情况下，循规蹈矩常常会使我们的努力毫无结果。面对一个问题，如果我们能抛开从正面思考的想法，而尝试从其反面来思考，思路可能一下子就变得豁然开朗，问题也就迎刃而解，这就是逆向思维的妙处。

如果你走进坦桑尼亚的国家动物园，就会产生一种置身童话世界的错觉。那里没有笼子，没有栅栏，只有连天的草原，成群奔跑的野马，休闲自得的老虎……这些生动的镜头足以让每个游客流连忘返。

"把老虎从笼子里放出来"是坦桑尼亚国家动物园的一个大胆尝试，而这个尝试显然是成功的。让动物在大自然中尽情表现，而游人则坐在巴士里，作为动物们幸福生活的旁观者，从全新的角度来感受大自然的美好。这种新奇的体验吸引了无数人的目光，动物园迅速变成举世闻名的旅游胜地，财源滚滚而来，而这一切都是"逆向思维"的功劳。这个例子告诉我们：成功的经营手段需要从打破常规中寻找。逆向思维可以让我们更加深入地了解事物，从而出奇制胜，开创全新的局面。

绝不能放弃梦想，
幸运在坚持的背后

　　一粒种子要成长为参天大树，需要一个过程。人要成功，也要经历一个过程。但是在这个过程中，我们总会遇到各种干扰，受到种种打击。你是趴在地上不起来，还是爬起来继续前行呢？对于一个成功者而言，他的选择就是爬起来继续前行，因为"天将降大任于斯人也，必先苦其心志，劳其筋骨，饿其体肤，空乏其身"。只要你不畏艰险，坚持到最后一分钟，你就能成功，而一个半途而废的人绝不会取得成功。

绝不能轻言放弃

　　莎士比亚曾说过："千万人的失败，都失败在做事不彻底，往往做到离成功尚差一步就终止不做了。"其实，只要我们再坚持一会儿，哪怕只是一小会儿，就会看到胜利的曙光。如果我们不轻言放弃，用毅力战胜生活中的艰难困苦，就不会被生活抛弃。

坚持下去，毅力可以移山填海

　　对于渴望成功的人来说，毅力就是最有效的强心剂，无论过程多么漫长艰辛，只要有毅力，就一定能坚持下去。如果把困难比作顽石，那么毅力就是熔炉中的烈焰，经过它的煅烧，再坚硬的顽石也会化为成功的真金。面对困境，有些人能够坚定心中的信念，一刻不停地添柴，使毅力之火熊熊燃烧，融化一切；有些人则因为害怕或是懒惰，从来不肯用心照看炉火，致使它渐渐熄灭，结果自然得不到真金。

毅力对于成功有着巨大的作用，甚至超过了能力和智商。因此，没取得成功的人大多不是因为太笨，而是毅力不足，无法坚持到成功出现的那一刻；取得了成功的人不是个个聪明绝顶，他们只是比一般人更有耐心、有勇气，不达目的誓不罢休。因此，有了毅力就有了胜算，哪怕你面前有再大的困难也能解决。

移山填海，说出来仿佛不可思议，但比这更困难的目标也并非不可实现。只要你具备毅力，能坚持下去就是胜利。

永不放弃，就不会被生活抛弃

在艰难的时刻，不放弃的顽强精神就是你反败为胜的法宝。

不轻言放弃，你会有更多翻身的机会，因为前途还是未知数，也许下一秒钟就可以美梦成真；不轻言放弃，你会变得坚强自信，因为困境可以最大限度地激发你的潜力，让你有足够的能量面对问题；不轻言放弃，你会充分展现创新能力，因为集中精力会让你的思维异常活跃，从而带来具有创造性的惊喜。永不放弃是走出困境的必需品质，也是取得成功的强大助力。

戴安娜·高登是一名优秀的滑雪运动员，也是美国运动史上最富传奇色彩的人物。在美国滑雪锦标赛的赛场上，她曾先后获得29枚金牌，并创造了多项世界纪录，赢得了无数鲜花和掌声。可是如果你稍微打听一下，就会知道：这位出色的运动健将竟然是个残疾姑娘！在一生之中，戴安娜遭受过无数重创，却又创造了无数奇迹。她在儿时就被检查出患有骨癌，病变从右脚开始，她不得不选择截肢来保住性命。失去了右脚后，戴安娜本以为噩梦结束，却又陷入了新一轮的痛苦之中：她被检查出癌细胞扩散，并因此失去了乳房和子宫。在厄运的轮番打击下，她几乎痛不欲生，却不愿意因为放弃而失败。为了实现自己做一名滑雪运动员的梦想，她克服了常人无法想象的困难，吃尽了苦头。

当戴安娜站上最高领奖台的那一刻，所有的磨难都化作雨后的彩虹，衬托着她坚强不屈的灵魂。

不放弃希望与梦想，就是不放弃自己，那么生活也不会轻易地把你抛弃。记住："山重水复疑无路，柳暗花明又一村。"世上没有绝对的困境，要坚持住，没看到结果前永远不要放弃。

没有人注定失败

就像没有人生来就注定成功一样，也没有人生来就注定要失败。人人都会遭遇失败，你不必为自己的失败耿耿于怀。即使失败了一次，或者多次，也不意味着你是一个失败的人。因为成功是赢得整场战争，而不是赢得每一场战斗。而真正的失败，是你从一开始就抱有失败的意识，认为自己不会成功。

人人面前都有一根栏杆

巴拉斯出生在一个贫困的家庭中，自幼无人管束，染上了诸多恶习，如打架、偷盗。12岁那年，跳高运动员威尔逊把她带到运动场上教她练习跳高。巴拉斯胆怯地问："威尔逊先生，我真的能像您一样成为跳高运动员吗？"威尔逊反问她："为什么不能呢？"巴拉斯说："您难道不知道，我的母亲患有精神分裂症，我的父亲是酒鬼，我的家境很不好……"威尔逊再次反问她："跳高和这些又有什么关系呢？"巴拉斯无法回答。是啊，这和跳高又有什么关系呢！

威尔逊给她加了一个1米高的栏杆，巴拉斯跳过了。威尔逊将那根栏杆撤下来，结果巴拉斯仅能跳过0.6米。威尔逊说："现在这根栏杆就是你苦难的家境，没有这根栏杆，你跳高的时候就没有足够的动力。如果你不相信的话，我现在就将栏杆加到1.2米，你一定能够跳过去的。"巴拉斯咬了咬牙，真的跳过了1.2米。她深深地相信了威尔逊的话，并开始努力，努力跨过自己面前的那根"栏杆"。最终，她成为一名出色的跳高运动员，为自己赢得了"女飞鹰"的称号。

人的一生充满变数，前方总会有各种各样的问题等待着我们，磕磕碰碰在所难免。这些挫折和坎坷就是横在面前的栏杆，跨过去了，你就胜利了；退回去了，你就一事无成了。能清楚地认识到这一点，你的人生就会有所突破，有所收获。

不要以为世上最不幸的人就是自己，因为没有谁的生活可以永远一帆风顺。人人面前都有一根栏杆，待遇十分平等，既然已经有人跨过去了，你为什么不行？

不要抱有失败的意识

许多人在奋斗中会遭遇到难题，其中有很多只不过是小小的困难，却往往会发展成似乎无法克服的障碍。为什么会这样呢？其根本原因就在于面对困难的这些人存有失败主义的意识，他们往往疏于探究造成困难的真相，并将困难一步步夸大。但实际上，困难并没有他们想象的那么严重。

罗西·布兰迪曾说过："每个人心中都有自我毁灭的种子，如果任其滋长，只能带来不幸。"如果你眼里只能看到困难，心心念念的都是自己有多么困难，那么你就是在助长困难的气焰，让它变得愈发不可收拾。可是，如果你不在意困难，心里只想着如何把它消灭，那么它就会在你强大的信心面前萎缩，因为困难遇强则弱。

在生活中，不要抱有失败的意识，而要给自己积极的暗示。人的心理是具有某种神秘力量的，你抱有失败的意识，它就会将这种意识反馈回来，结果真的导致你失败。如果你始终保持着必胜的信念，一切难题

都将迎刃而解。

我们无法回避生活中的困难和挫折，但是无论如何不能放弃梦想和希望。只要你摒弃失败的意识，让成功的信念常驻心中，成功一定会在不远处等着你。

挫折是一笔财富

遭遇挫折其实是件好事，因为人总是会在遭遇挫折之后迅速成长起来。挫折能让我们清楚地认识到自己的不足，从而改进；挫折能让我们更加坚定前进的信心，变得成熟。所以说，挫折是一笔财富，因为它给我们带来了很多收获，我们应该真诚地接受这份"特殊的礼物"。

挫折并不可怕

成功之路从来不会处处平坦，沿途总有挫折和坎坷，因为没有人能真正达到十全十美。所以挫折是普遍存在的，它并不能用来衡量我们的能力和素质，我们也就没有必要对它心存恐惧，反而应该主动迎接它。因为挫折虽然会带来伤痛，却能帮助我们发现缺点，补充经验，以防今后遇到更大的危险。

对于成功来说，可怕的不是挫折，而是因挫折而失去信心。挫折遇强则弱，如果你害怕再次跌倒，不肯站起来继续前进，那么就会永远失去站起来的勇气，失去成功的资格；如果你能忘掉伤痛，更加坚定对未来的信心，那么你就会一路披荆斩棘，直抵成功的殿堂。

对于成功来说，可怕的不是挫折，而是挫折之后没有吸取教训。挫折是一个进步的好机会，如果你不能记住教训，还在同一个地方跌倒，无论付出多少精力，你也还是在原地兜圈子，毫无意义；如果你懂得从失败中成长的道理，就会一路摸索前行，沿着正确的方向走好每一步，实现自己的最高目标。

有一首诗写道："白云跌倒了，才有了暴风雨后的彩虹。夕阳跌倒了，才有了温馨的夜晚。月亮跌倒了，才有了太阳的光辉。"在坚强的生命面前，挫折并不是一种摧残，而是一次宝贵的经历，一次成长的契机。英国前首相丘吉尔曾说："成功就是怀着积极的心态，从一个失败走向另一个失败的能力。"

绊倒你的也许就是个金块

19世纪中叶，美国的淘金者日渐增多，清贫的农民霍斯也怀揣着发财梦，加入到淘金者的队伍中。可就在匆忙赶往金矿的路上，霍斯不慎被一块大石头绊倒，滚落山谷，不幸残了一条腿，无法淘金了。救他的老人带着消极的霍斯来到一个山谷，指着前方一块块淤泥堆积的土地，高兴地告诉霍斯："孩子你看，当日你滚落的就是这个山谷，这可是上帝送给你的肥沃宝地啊。"踩着松软的淤泥，霍斯露出了笑容，他知道自己该在哪里淘金了。他立刻向老人借来种子和农具，在那个被人遗忘的山谷里忙碌起来。当年，他就获得了大丰收。

日子一天天过去，农场的规模已经今非昔比，霍斯也从身无分文的淘金者变成了勤恳的庄园主。与他硕果累累的农场相反，昔日的峡谷已经变得面目全非：蜂拥而来的淘金者几乎翻遍了这里的每一寸土地，每一块石头。尽管如此，真正靠淘金发家的人却寥寥无几。晚年的霍斯已经是个家财丰厚的富翁了，可每当回忆起过去的日子，他都会由衷地感叹："我现在拥有的一切多亏了那块绊倒我的石头，它给了我重新站起来的机会。对于我来说，那不是一块石头，而是真正的金子。"

不要抱怨你人生路上的绊脚石，因为也许它就是你一直在寻找的金子。我们的一生从蹒跚学步的孩童开始，直到变成拄着拐杖的老人，中间跌倒的次数一定不少，但跌倒后爬起来继续前进，你的心里就会比原来多一份坚强。有些人跌倒之后，因为害怕疼痛而不肯再迈出一步，结果只能在原地徘徊，毫无建树；另外一些人跌倒之后，会拍拍身上的尘土，继续上路，哪怕再经历千次万次也不肯停住，而他们终有一天登上成功的顶峰。

适时给自己一座悬崖

在行动的路上，人们总会遇到一些阻碍，或是自己内心的懒惰，或是客观环境的影响。面对这些阻碍，有人会说，反正有退路，休息一下没关系，于是停止不前；也有人会说，反正前面没路了，我还是放弃吧，也停止不前。像这样半途而废，成功从何而来呢？

不给自己留退路

如今的社会竞争日益激烈，有些人渐渐养成了这样一种习惯：无论做什么事，总要给自己留条后路，一旦出现问题，马上抽身退回安全地带。乍一看，这条后路是小心谨慎的表现，但说白了，不过就是给自己

准备一个逃避的借口。有一句西班牙民间谚语说："面对一堵高墙，如果你没有勇气马上翻越，不妨先把帽子扔过去。"为了那帽子，你就不得不想办法越过这堵墙了。不要给自己留"退路"，而是押上你全部的赌注，将精力完全投入到解决眼前的问题中去。只有这样，你才会时刻保持警惕，保持最高昂的斗志。

为了能专心于创作，伟大的法国作家雨果曾有过"疯狂"的经历：他为了克制自己外出的欲望，竟然把像样的衣服统统锁起来，再把钥匙彻底丢掉。这样一来，他就没有办法外出了，只能留在家里写作，争取履行与书商签订的合约，在半年内交出一份成稿来。在随后的五个月里，他把自己关在屋子里，断绝了与外界的一切联系，整天埋头创作。

距离截稿日期还剩两周时，雨果终于完成了一部小说，它就是后来轰动世界文坛的伟大作品——《巴黎圣母院》。

每个人的灵魂深处都埋藏着懒惰的种子，它会让我们在竞争中渐渐退缩，直到彻底失败。我们只有切断所有的后路，发挥自己最大的潜能放手一搏，才能抑制住懒惰的萌芽，避免自己被欲望吞没。

因此，真正懂得这个道理的人从不会在行动之前留后路，而是选择"背水一战"，逼自己全心全意地奔向成功。

把自己逼到绝路上

一只鹰从小就被圈养。当它长大后，人们担心它会吃掉村里的鸡，于是想将它放生。然而，村里人用了许多办法都无法让那只鹰重返大自然，最后他们终于明白：原来鹰是眷恋自己从小长大的家园，舍不得那个温暖舒适的窝。后来村里的一位老人说："把鹰交给我吧，我会让它重返蓝天，永远不再回来。"老人将鹰带到附近一座最陡峭的悬崖上，然后将鹰狠狠地向悬崖下的深涧扔去。那只鹰开始时如石头般向下坠去，然而快要到涧底时它终于展开双翼稳住了身体，开始缓缓滑翔，然后轻轻拍了拍翅膀，飞向蔚蓝的天空。它越飞越舒展，越飞动作越漂亮，最后飞出了人们的视野，再也没有回来。

一切动物，都有求生的本能，特别是在它的生命受到严重威胁的时候，会使出一切手段挣扎、反抗和搏斗，来维护自己的生命。作为万物之灵的人难道还没有这样的魄力吗？

生机和绝路往往是共生的，如果你一时找不到生机，那就不妨把自己逼上绝路。处在绝境中的人会有比常人强烈的求生意志，能够主动付出更多的努力来换取绝处逢生，这样的人往往能够创造奇迹。把自己逼到绝路上，是对毅力和潜力的一次考验，如果你能咬牙挺过来，眼前就会豁然开朗。

现在就迎接幸运的到来

无数成功的例子都在告诉我们这样一个道理：如果你无法改变既成的事实，那就试着接受它。接受现实并不意味着消极，而是变被动为主动，既然无法改变现在就去改变未来。伟大的印度诗人泰戈尔曾说："如果错过月亮的时候，你哭泣了，那么你将会错过群星。"幸运随时都可能降临到我们头上，如果不肯主动站出来，就一定会错过成功的机会。

畏畏缩缩不是办法，只有快点从挫折的打击中清醒过来，才能有精神迎接幸运的到来。

先从倒霉中清醒过来

经历一次又一次的倒霉事件，你现在应该做的是什么？那就是保持清醒，先停下自己的行动，然后审视自己的目标、行为方式以及社会环境，看一看问题出在哪里，是自己的错误还是客观原因。如果是后者，那就要适应客观环境。但如果是前者，就要从倒霉中清醒过来，正视自己的错误，这样才能减少倒霉的次数。

倒霉的人必须马上停下

人人都怕倒霉，倒霉的时候经常把糟糕的状况归咎于"运气太差了"，一脸无奈，十分可怜。然而大多数人的思路都停止在"运气"上，找了个冠冕堂皇的借口，却没有进一步想想："我为什么会倒霉？这件倒霉事儿的原因是什么？"

倒霉的时候，事情进展总是很不顺利，但这一定不是运气，也不是巧合。因为无论产生什么现象或结果，背后总有个诱发它的原因。当你发现最近自己倒霉的时候，首先要做的不是抱怨，而是自我检查，看看问题到底出在哪里。一个晴朗的周末，如果你选择在禁止垂钓的湖泊边钓鱼，被巡查人员抓了个正着，交了罚款不说，连渔具也被没收了。这时，你的第一反应大概就是"真倒霉"，可仔细想想：如果你不是违规在先，又怎么能被处罚？这一类的例子简直比比皆是，例如闯红灯被开罚单，迟到而失去考试资格……这难道都是"倒霉"？难道不是我们忽略了什么？

世事皆有因果，一旦你发现自己最近倒霉，就该马上停住脚步检查一下，看看倒霉的症结到底在哪里。如果不把问题彻底解决，事情永远都不会顺顺利利。

正视错误，才能减少倒霉的次数

美国田纳西银行前总经理L.特里曾说过，承认错误是一个人最大的力量源泉。无独有偶，中国也有一句俗话："知耻方为勇。"这两句话都说明了正视错误的重要性。有阳光必然有阴影，学走路难免栽跟头，人犯错误也很正常，但关键是——人能否认识到自己的错误。

我们身边总有一些害怕"犯错"的人：他们到处宣扬自己过去的成

绩，千方百计地掩饰缺点；他们习惯对事实遮遮掩掩，遇到问题时态度从来都不清晰；他们害怕别人指出自己的错误，对于他人的意见总是不理不睬。这些人往往会被错误彻底"套牢"，变得敏感、紧张，最终只能两手空空，一事无成。原因很简单，这些人不懂得一个道理：可怕的不是错误，而是不敢正视错误的人。

综观世界上一些著名的百年企业的发展史，都能找到一些决策或执行上的失误，但它们能够成功活下来的原因就是敢于面对错误，纠正错误。著名学者达尔文曾经说过这样一句话："任何改正都是进步。"敢于承认错误，并从中吸取教训，才能勇往直前，而世界第一大零售连锁企业——沃尔玛集团就是个最佳的例子。沃尔玛在最初进军德国市场时接连受挫，损失了一亿多美金。经过对问题的分析讨论，沃尔玛做出了一系列具有针对性的政策调整，并按部就班地实行。果然，没过多久，沃尔玛就依靠谦虚严谨的态度再次找回了它的领先地位，在德国零售市场站稳了脚跟。

不要低估自己

有人总以为，命运是注定的，自己没有能力改变。但实际上是：命运在自己的手中，你可以控制生活中大多数的事情。不管是谁，如果低估自己的价值，是不可能走上成功之路的。因为一个人如果没有勇气设定目标，又如何去行动呢？没有行动，又何来成功呢？坚信自己的价值，才会拥有精彩的人生。

命运在自己手中

命运，是指一个人从生到死经历的轨迹。我们的每一次进步和彷徨，每一次成功和失败都会被归为命运，这不得不引发我们思考一个问题：到底是谁在掌控命运？

日本有位武士做任何事都不顺利，比武常成为他人的手下败将，做生意又总是血本无归。在他看来，这都是命运的安排。因为，他曾经看过一次手相，手相显示出了他的命运，即事业无成，穷困潦倒，短命无寿。之后，他就一直生活在这个阴影中。有一次，他仔细地端详自己的手掌，说："难道这种天生的纹路就可以显示出我的一生命运吗？如果手纹发生变化，那是不是命运也会发生变化呢？"于是他请人改变了自己掌上的纹路。这次按照手相的解释，他会成为既富且贵的大人物。

日本武士想，如果每个人都改变掌上的纹路，那世界上还有不幸的人吗？他突然间明白了，世上根本就没有命运安排这回事，命运在自己的手中，不是由掌纹决定，而是由自己的心态、目标、行为决定。于是，他不再被那个决定命运的阴影控制。尽管生活中还是有很多挫折，但他并没有屈服，终于在坚持奋斗之后，开始收获成功。

命运是在自己手中的，只要自己不向困境低头，坚信自己能够出人头地，积极地为了实现自己的理想而努力奋斗，就一定能够改变自己的命运，实现自己的理想。

你可以控制90%的事

　　快乐的生活并不是人人都能享受到的。我们周围总会有这样一种人——整天都在抱怨，抱怨自己的工作、生活多么不如意，抱怨自己的命运如何坎坷。然而，这些都是可以解决的问题，因为著名的"90/10法则"告诉我们：人的命运只有10%是际遇，属于无法改变的客观因素，而其余的90%则完完全全掌握在自己手里。尽管我们不能阻止年华老去，但我们能在自己有限的时间里做最有意义的事情。

　　让我们举个例子吧。你正在和你的家人吃早餐，你的女儿碰翻了一碗粥，粥弄脏了你的衬衣，接下来发生的事情就将取决于你的反应了。一种反应是：你生气地打了女儿，女儿哭了；你埋怨"那一位"没有把孩子照看好，争吵开始了；你换完衬衫后发现，女儿只顾哭，错过了校车；你的"那一位"必须马上去上班，你只好开车送女儿上学，因开车超速而被罚款；当你送完女儿匆忙来到办公室后发现，公文包忘带了……你倒霉的一天就这样开始了。你下班回到家中，因为早上的事情，家庭气氛并不和谐。为什么你会有这么糟糕的一天呢？有四个原因：A.粥；B.女儿；C.交通警察；D.你自己。答案当然是D。你对粥洒了这件事没有掌控好反应，你的反应导致了你糟糕的一天。

　　不妨换一种反应。粥弄脏了你的衬衣，你温和地说："没事，宝贝，下次小心就是了。"你迅速更换衬衣，然后拿上公文包，送女儿上校车；你和你的"那一位"在上班之前，亲切吻别；你提前5分钟来到办公室，高高兴兴地跟同事们打招呼，开始了开心的一天，工作也特别容易出成绩。

你控制不了所发生的10%，但你完全可以通过自己的反应决定剩余的90%。掌控了这90%，就掌控了自己的命运。

亮出自己的风格

如果将人比作一块沃土，那么风格就是这片土地上长出的花。世上找不到完全相同的两朵花，所以，风格比名字更能显示你的独特之处。勇敢地把你的风格亮出来，让世人看到你的与众不同，这份自信一定会给你带来意想不到的收获。

让自己与众不同

在中国出口信用保险公司深圳分公司里，有一个初出茅庐的小伙子。他是个刚刚走出校门的毕业生，既没有任何保险工作的经验，也不像其他经理人一样伶牙俐齿，但他硬是创造出了一个奇迹：进入公司后不久，他的业务数字迅速攀升，从1.33亿美金的保险金额和近110万美金的保费，到实现4.6亿美金的保险金额和300多万美金的保费，他仅仅用了一年的时间！转眼间，这个新人就成了总经理助理和全国保险行业十大保险明星，他的成绩甚至让一些老前辈望尘莫及。

这个传奇般的小伙子叫陈日湘，是一名2002届大学毕业生。能够有如此优异的成绩，就要归功于他与众不同的思路和决定。刚入行的那个阶段，他总能听到前辈告诉自己：有很多企业因为连续两年没出现过重大赔付，那么他们下一步就可能会停止或缩减投保。然而，陈日湘认为，这个问题要从自身的服务质量入手，给客户留下"专业贴身顾问"的强烈印象，从而改变他们对产品出发点的认识，更加透彻地理解保险的重要性。于是，他开始按照自己的想法进行市场开拓，并开始为企业提供新产品——风险管理服务，大受欢迎，这个新的险种甚至让美的集团一年内的出口额上涨一倍。对此，陈日湘曾经说过："在公司那么优秀的人才队伍中，我只是很普通的一个。但我一直在琢磨如何让自己与众不同，用和别人不同的方式来解决问题。"

或许你会说陈日湘幸运，可是如果没有他这些与众不同的做法，他会如此幸运吗？让自己与众不同，才能吸引众人的关注，才能发现更多的机会，才能与幸运女神亲密接触。

勇于推销自己

如果你有与众不同之处，就要勇于表现出来，在适合的时间和场合主动向别人展示自己。

很多年前，在美国新泽西州的西奥兰治市火车站，一列货车徐徐驶进。突然从车上跳下来一个年轻人，只见他匆匆地穿过铁轨，前往科学家爱迪生建在这里的实验室。刚到门口，年轻人就被秘书拦住了："请问您找爱迪生先生有什么事吗？"年轻人抬起头自信地回答："我要成为爱迪生先生的合伙人！"于是，爱迪生果然接见了这个行为大胆的年轻人，他们相谈甚欢。一个小时后，年轻人就在这里得到了一份工作——擦地板的清洁工，他觉得能够引起爱迪生先生的注意已经是自己取得的突破了，对未来更是充满信心。五年后，年轻人实现了梦想，成为爱迪生的合伙人。他就是大名鼎鼎的埃德温·巴恩斯。

现实生活中的竞争激烈而残忍，只有不断向别人推荐自己，才能有更多的成功机会。埃德温·巴恩斯的故事告诉我们：各种智慧和能力都是你最宝贵的储备，需要展现出来之后才能被人了解。

破茧成蝶，幸运到来

我们常常会为蝴蝶在花丛中翩翩飞舞的美丽身姿而倾倒，但只有见过它如何破茧的人才知道：必须经历痛苦的折磨，才能拥抱灿烂的未来。咬牙挺过磨难之后，人才会变得更坚强，更容易获得幸运女神的垂青。

大声为自己喝彩

生活就好比一个大舞台，台上的演员都希望把自己的全部个性和才能展现出来，赢得观众的鲜花和掌声。但舞台毕竟空间有限，真正有机会展现自己的人并不多，那些没能走到台前、站在聚光灯下的人该怎么办呢？

没有鲜花和掌声，没有人关注，甚至连独白都没有。也许你会灰心丧气、一蹶不振，但这样做不会给现实带来任何改变。要知道，鲜花和掌声虽然是用来肯定一个人成绩的方法，却并不是唯一的方法。你没有必要羡慕别人的优秀，因为只要你活得坦坦荡荡，活得问心无愧，那么你就是优秀的。在人生的舞台上，每个人都是演员，每个人也都是观众。所以，即使没有人知道你的存在，你也还有一个观众——你自己，你还可以赢得自己的鲜花和掌声。此时的你不必在意任何人的眼光，能够堂堂正正地肯定自己的价值。

如果你是茫茫大海中的一滴水，不必为自己的渺小和微不足道而伤感，因为你同样走过山川溪谷，密林草原，也曾飞到云彩之中，然后渐渐变重，最终回到了海里。你曾体验过这样一段丰富多彩、充满惊喜的旅途，也在这过程中实现了自己作为一滴水的价值。如果你能继续做一滴自由自在的水，那么你就是这海中一滴优秀的水，更应该成为你心目中最优秀的水。

不要怕没有人理解你、欣赏你，因为你自己就是自己的头号"粉丝"，是从不吝惜为自己喝彩的人。

迎接幸运的到来

桂美是某公司欧洲分部的负责人，生活富足。不过，在大学时期，她还因为家境贫困而不得不兼职。利用兼职攒下来的钱，她到英国读了一个月的课程，并因此而喜欢上了英国。她下定决心以后一定要到英国工作，于是，她每天都会抽出时间学习英语。虽然辛苦，但她并没有因为目标难以达到就放弃梦想。毕业后，她进了一家跨国公司的企划部。一天，她突然接到一个紧急电话："我需要一份紧急传真，可是对方一直没有人接电话。"桂美代发了传真，为对方及时提供了他们所需要的资料，使他们顺利地签下了一份重要的合同，而打电话的正是伦敦分公司的金部长。那一年，金部长推荐她到英国分公司工作，桂美的梦想实现了。

桂美是"幸运儿"吗？她的成功看似带有偶然性，但也是必然的。

桂美家境贫穷，但她并没有因此怨天尤人，而是默默努力，尽最大的努力改善自己的生活。桂美有目标，有行动，在挫折面前不低头，一直相信自己的能力，坚持理想不放弃。她自身充盈，有足够的准备，因此在机遇来临之时，能将其紧紧地抓在手里。所以说，幸运可以被创造，幸运一定会到来！

后记：即使以不幸开始，也能以幸运结束

　　幸运的人之所以幸运，因为他们懂得如何把不幸转变为幸运。立即行动，改变自己，修正错误，坚持梦想，不幸就会变为幸运。你不把不幸当回事，那它就真的不值一提；如果你把它当回事，那么一根稻草也能把你压死。事实就是如此，所谓幸与不幸，很多时候都是一种心理作用。在消极的人眼里，人间都是苦难；在积极的人眼里，世界充满阳光。

　　幸运从来就不是唾手可得的，它需要一个过程。这个过程，就是从改变自己开始，以改变别人结束的过程。很多人到了社会上总是感叹自己怀才不遇，觉得自己就是一匹千里马，却没有遇见伯乐。事实真的如此吗？即使真的没有人赏识你，你何不试着考虑一下这句话：先为成功的人工作，再与成功的人合作，最后是让成功的人为你工作。

　　上天不会让每个人都永远不幸。但是，机遇来临的时候，你抓住了吗？机遇来临之前，你准备好了吗？

　　即使以不幸开始，也能以幸运结束。光明也是从黑暗中诞生的。让我们一起创造幸运，迎接幸运的到来吧！

书目